机械行业高等职业教育教学改革精品教材

机械装配、调试与制作

主编　杨绍荣

参编　杨小华　应鸿烈

U0239392

机械工业出版社

本书是工学结合、理实一体的项目化教材，对标职业岗位（群）的实际需要，主要讨论机械装配、调试及制作等内容。

本书图文并茂、形式活泼清新、内容翔实丰富，实用性强而兼具趣味性，以激发学生学习积极性、培养学生自学能力、提升学生技能为主旨和主线；采用项目式编写体例，以典型工作任务为项目载体，突出职业教育特色，注重学生综合实践能力的培养。书中配有二维码，扫描即可观看实操录像、获取习题及解答等内容。

全书共分4个项目，包括典型产品装配、典型机构装配、齿轮箱装配和机床数控化改造，其中项目1主要讨论机械装配，项目2和项目3主要讨论机械装配、调试或制作，项目4是机械装配、调试和制作的综合运用。

本书可作为高职高专（含五年制）机械设计与制造专业、机械制造与自动化专业、模具设计与制造专业、数控技术专业、机电一体化技术专业及其他机械大类相关专业的教学用书，也可作为有关工程技术人员、企业职工培训及工人自学等方面的参考用书。

本书配有电子课件，凡使用本书作为教材的教师，可登录机械工业出版社教育服务网（http://www.cmpedu.com），注册后免费下载，咨询电话：010-88379375。

图书在版编目（CIP）数据

机械装配、调试与制作/杨绍荣主编. —北京：
机械工业出版社，2017.12（2024.9重印）
机械行业高等职业教育教学改革精品教材
ISBN 978-7-111-58620-3

Ⅰ.①机… Ⅱ.①杨… Ⅲ.①装配（机械）-高等职业
教育-教材②机械设备-调试方法-高等职业教育-教材
③机械制造-高等职业教育-教材 Ⅳ.①TH

中国版本图书馆 CIP 数据核字（2017）第 295837 号

机械工业出版社（北京市百万庄大街22号 邮政编码100037）
策划编辑：赵志鹏 责任编辑：陈 实 赵志鹏
责任校对：李锦莉 刘丽华
责任印制：单爱军
北京虎彩文化传播有限公司印刷
2024 年 9 月第 1 版·第 8 次印刷
184mm×260mm·13.25 印张·314 千字
标准书号：ISBN 978-7-111-58620-3
定价：42.00 元

电话服务　　　　　　　　　网络服务
客服电话：010-88361066　　机 工 官 网：www.cmpbook.com
　　　　　010-88379833　　机 工 官 博：weibo.com/cmp1952
　　　　　010-68326294　　金 书 网：www.golden-book.com
封底无防伪标均为盗版　机工教育服务网：www.cmpedu.com

前　言

"机械装配、调试与制作"是普通高等学校职业教育机械大类的必修课程。本课程着力培养学生产品装配能力、装配工装夹具应用能力、装配设备工具量具夹具模具维护能力、简单零件的手工制作能力、装配和修配中的钳工能力、装配方案设计能力以及装配工艺编制能力，并将对其他若干后续课程（如机械制图、机械原理、机械设计、公差配合与测量技术、机械制造工艺、机械工程材料等）的学习起到很好的基础性、认识性、引导性作用。

高级装配工、装配工艺员、机械产品维修员、机械设备维修维护员、装配车间管理员等岗位是机械制造与自动化专业学生毕业后初始从事的主要就业岗位（工种）。机械装配、调试与制作所涉及的知识与能力，不仅是装配岗位必需的，也是产品设计、制造、维修及销售等岗位应了解和熟知的；机械装配技术对机械行业及其他众多与机械有关的行业也非常有实用价值。本课程依据"机械制造与自动化专业工作任务与职业能力分析表"中的机械装配、调试与制作的能力要求设置实训工作项目，目标是使学生具备相应的装配、调试与制作能力，这些能力在机械制造与自动化专业岗位群中既十分重要又十分基础。

本课程立足于对学生实际能力的培养，紧紧围绕装配、调试和制作的典型工作任务来选择课程内容，以期更有效地培养学生动手能力、学习能力和实际工作能力，经过行业专家与资深教师的共同讨论、分析并结合多年教学实践经验，本课程确定以下4个典型项目：典型产品装配、典型机构装配、齿轮箱装配和机床数控化改造，每个项目又分若干工作任务。项目1主要讨论机械装配，项目2、3主要讨论机械装配、调试或制作，项目4是机械装配、调试和制作的综合运用。

所谓装配，是指将一个个独立的个体组合成一个有机整体的过程。所谓调试，就是使成为整体的个体之间达到和谐，体现最好的性能，就像钢琴装配以后需要调音师仔细调音一样。所谓制作，含义有三：一是修配零件；二是制作加工零件；三是设计、制作装配过程中需要的专用工具、夹具、量具等。本书的每个项目既有基本要求（如基础知识），又有较高要求（如拓展知识）并适当涉及其他课程的知识，引导学生进行并行学习，激发兴趣，扩大视野。既有"思考""讨论""体会"，又有阅读材料；既有理论学习，又有实际操作。项目中不但有计划、分任务讨论与各个任务相关的各种知识点、技能点，还要求学生将知识点和技能点做持续梳理、联想、比较并融合成有机体系或整体（参考附录A），使学生在完成工作任务的同时，理解知识、提升技能、培养自学能力、激发创新精神，更好地实现理论与实践的一体化、知识与技能的交融化。

实践、认识、再实践、再认识，循环往复，以至无穷，而实践和认识之每一循环的内容，都进到了高一级的程度。本书在编写过程中力图紧密联系生产实际，求真求实，求变求新，从企业的人才需求内涵、人才培养脉络来探索学生的认知规律和人才成长规律。本书在内容和形式上同步创新，配置了部分实操录像、实践视频、岗位标准、测验习题及解答，扫描相应二维码即可查看，以增强直观性和学习反馈。

本书由杨绍荣（金华职业技术学院）主编，参加本书讨论和部分内容编写的还有杨小华（丽水职业技术学院）、应鸿烈（金华职业技术学院）。

本书在编写过程中得到了金华职业技术学院各级领导的关怀和鼓励，得到了相关企业专家和兄弟院校同行的大力支持，参考和吸收了众多单位和个人的一些相关研究成果，在此一并致以诚挚谢意。

由于编者水平有限，书中不妥甚至错误之处在所难免，恳望读者不吝批评指正。

编　者

二维码索引表

正文页码	二维码名称	二维码	正文页码	二维码名称	二维码
1	01 课程介绍		103	08 二档变速机构	
11	02 机械认识实训指导书		105	09 测验二习题、答案	
21	03 电钻分解实操		108	10 CCTV10：杨绍荣老师发明圆周健身器	
25	04 电锤分解实操		114	11 圆锥齿轮啮合模型	
40	05 角向磨光机装配实操		115	12 油泥模型制作	
41	06 测验一习题、答案		118	13 变速箱拆装实操	
42	07 电动工具制造工职业标准		142	14 测验三习题、答案	

（续）

正文页码	二维码名称	二维码	正文页码	二维码名称	二维码
144	15 机床维修与改造		152	18 圆周运动健身机	
149	16 车床精度检测 1 实操		187	19 测验四习题、答案	
149	17 车床精度检测 2 实操		194	20 习题详解	

目　录

课程导引

【课堂讨论】

一、关于机械

1. 中国是世界上机械出现和发展最早的国家之一

早在春秋战国时期，"机械"一词就已经出现。《庄子·外篇·天地》上记载了子贡（约公元前520—公元前456年）对一抱瓮吃力浇菜的老者所说的话："有械（'械'是一种汲水工具）于此，一日浸百畦，用力甚寡而见功多，夫子不欲乎？"《韩非子·难二》中也说："审于地形、舟车、机械之利，用力少，致功大，则入多。"这就是说，早在公元前5世纪，中国就出现了关于"机械"的概念，即机械是一种"用力少而见功多"的器械。

中国古代对水能、风能等自然能源的利用是极具智慧的。比如大约在晋朝时发明的卧轮水磨（图0-1），其原理至今仍有极为广泛的应用。其他一些在当时来说自动化程度很高的机械，如鼓风扬谷机、绞车等，极大缓解了劳动者的劳动强度。

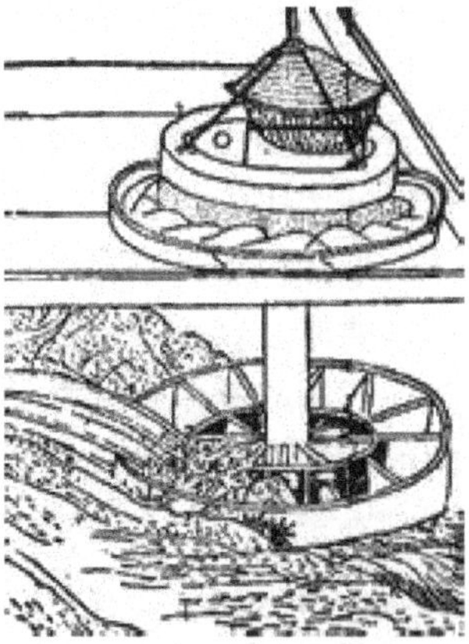

图 0-1　卧轮水磨

2. 工业革命促使世界机械快速发展

18世纪从英国发起的第一次工业革命，以蒸汽机作为动力机被广泛使用为标志。这期间重大事件有：英国人相继发明了球轴承、第一台真正的机床——炮筒镗床、动力织布机、第一台缝纫机——链式单线迹手摇缝纫机，建成了第一艘铁船；德国人发明了两轮自行车；美国人设计制造成功单斗挖掘机械等。1870年以后的第二次工业革命主要表现在电力的广泛应用、内燃机和新交通工具的创制、新通信手段的发明上。在这一时期，美国人发明了电灯、电话、飞机，德国人卡尔·本茨制造了世界上第一辆汽车等。

3. 现阶段中国在机械领域对世界先进水平的赶超

装备强则国强。古往今来，国与国之争，从某种意义上来说，其实质就是装备制造业之争。现阶段，高端装备之争已上升为大国之间博弈的核心。随着关键核心技术的攻克和突破，中国正在用自己的方式，缩短从制造大国到制造强国的距离，开始从制造向创造、智造的迈进，实现从制造大国向制造强国的华丽转身。

制造强国渐行渐近。

课前组织全班同学集体观看中央电视台财经频道（CCTV-2）制作的大型纪录片《大国重器》，课内分小组讨论观后感。

讨论

二、关于课程学习

根据国外学者研究，一个人的竞争力与他所具备的知识、技能以及他对待工作（包括学习）的态度有如下关系

$$C = (K + S)^A$$

式中　C——竞争力（Competitiveness）；

　　　K——知识（Knowledge）；

　　　S——技能（Skill）；

　　　A——态度（Attitude）。

如何提升大学生的竞争力，如何使学生在大学阶段的学习真正做到学有所值，是广大师生不得不面对、不得不思考、不得不回答而又很难破解的难题。

1. 知识、技能

所谓知识，是指人类在实践中认识客观世界（包括人类自身）的成果。所谓技能，是指掌握并运用专门技术的能力。

所谓知识点，是指一项单独的知识，系指基础知识中相对独立的部分，是组成基础知识的基本要素。所谓技能点，是指一项掌握并运用专门技术的能力。由不同的知识点可以串联成某一方面或某一方向的"了解、知道"，知识点所掌握的程度以"必需、够用"为度；由不同的技能点可以串联成某一方面的"会、能"，技能点掌握得更多则可达到"高技能"乃至"超技能"。单一方向的知识点、技能点构建出在某一方向或某一岗位的职业能力，多个方向的知识点和技能点可以构建出在某一专业领域的知识和能力要素，形成从事某一专业领域的"具有可持续发展能力的技术技能型专门人才"。复合型人才则需要涉猎更多专业领域的知识点和技能点。

众所周知，几何中有"点构成线，线构成面，面构成体"之说。

任何"碎片化的知识"必须被理性梳理并建构起系统化的秩序，才能显示出知识的力量，否则不但不能给人带来任何帮助，还会成为大脑沉重的负担，使人成为书呆子、"记忆棒"。要成为自己大脑的主人，必须建构属于自己的逻辑思维体系，在这个可操作的体系里，所有的观点和知识都是不矛盾的，是一个逻辑自洽的体系。完成了这一步，就相当于在大脑中建立了一个知识操作系统，就具备了运用知识的能力，就能成为有创造力的"学者"（有学识的人）而不是书呆子、"记忆棒"。

同样，任何"固化的技能"必须同具体的生产实践相结合才能成为"活化的能力"，学生必须真正掌握"分析问题、解决问题"的本领，才能成为真正的"技能型人才""技师"。

2. 机械之美

如果我们稍加用心，就会发现每一个看似冰冷或者简单的机械（甚至是单一机械零件）背后都充满"机械人"的热忱、艰辛、心血、坚韧和智慧，如图0-2所示。从不可或缺的日

常用品如梳子、椅子、钟表到机械动物、机器人、心血管支架等，无不饱含创造者创造过程的心血，闪烁着"机械人"智慧的光辉，推动着历史的进程，改善着我们的生活，值得我们倍加珍惜、感恩和致敬。如果同学们能对相对成熟、稳定的机械零件、机械结构有新的改进或创造，那更值得我们惊喜、欣慰和肯定。

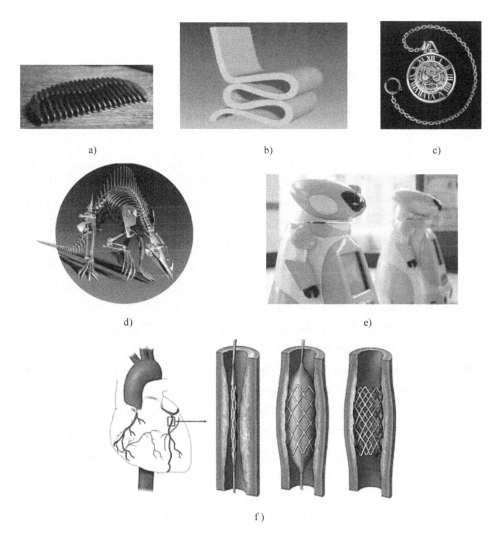

图 0-2 各种机械

a) 梳子 b) 椅子 c) 钟表 d) 机械动物 e) 机器人 f) 心血管支架

3. 兴趣是最好的老师

亨利·福特（Henry Ford，1863—1947），美国汽车工程师与企业家，福特汽车公司的创立者，世界上第一位将装配线概念实际应用并获得巨大成功、且以这种方式让汽车在美国真正普及的伟大天才。

亨利·福特从小喜欢摆弄机械，对机械的强烈兴趣，使他成为一位机械天才。有一天在学校，他和一个小朋友把老师的手表拆开了。老师很生气，让他们放学后留下来，把手表修好才能回家。当时这位老师并不知道小福特的机械才能。只用了十来分钟，他就把手表修好，扬长而去。

亨利·福特对各种机械的工作原理总是很感兴趣。有一次，他用布把茶壶嘴堵住，然后把茶壶放在火炉上加热。他站在一边观察会出现什么情况。水开后产生了大量水蒸气，接着茶壶爆炸，打碎了一面镜子和一扇窗户，这个小发明家也被严重地烫伤。尽管如此，他对机械的兴趣有增无减。12 岁时他克服了重重困难建立了自己的机械坊，15 岁时他亲手制造了一台内燃机。

后来，正如大家所熟知的那样，他在机械方面干出了一番大事业。

学习和做事、研究一样是痛并快乐的。学习会带来快乐，一个人一旦意识到学习是快乐的，也就学有所成了。如果一个人能够在学习中感到真正的快乐，那他就很可能成为大师级人物。

同学们选择了"机械"，或因情有独钟，或因歪打正着，或因不解之缘，但唯有把对机械（高端制造、智能制造）的爱好、兴趣继续提升，进而使它成为自己的特色、专长，甚至成为自己未来创业、终身为之奋斗的事业，才可能有所成就，不负最初的选择。

4. 关于教师

根据现代学徒制理论，高职教育成功的有效途径是学校与企业的深度合作、学校教师和企业师傅的联合传授。积极创造条件让学生参与并逐步独立完成企业的实际岗位作业，让学生"学中做，做中学"，从而建立以对学生技能的培养为主线的现代人才培养模式。教师是主导，学生是主体。教师的作用除了传授知识、技艺和答疑解惑之外，主要是指导、引导学生进行自学，进行有目的、有系统的技能训练，提升学生分析问题、解决问题的能力。

5. 如何学习

加强理论学习。本书中有很多实用的知识点和技能点。同学们在学习"基础知识"和"拓展知识"的过程中，除了理解知识点、技能点以外，要特别重视"思考""讨论"和"体会"内容的学习。有的内容可能涉及其他课程，需要同学们在课外进行研读，有的还需要动手去解决或实践。另外，同学们还要重视对"阅读材料"的学习，这是编者花了很多精力整理出来的适合该任务的资料，或者是编者委托有关人员专门撰写的，目的是提高同学们的学习兴趣、扩大视野和提高学习能力，它和"思考""讨论""体会"一起构成了本课程的精华或特色。

此外，同学们在课外可以浏览本课程的精品课程网站，其网址是：www.314p.com/jpkc/jdxy/ysr。

加强对指导老师操作时的观摩，善于观察、勤于思考、勇于交流。观察最忌熟视无睹、走马观花，应仔细、细致、用心，才有可能有收获。有词为证：昨夜雨疏风骤，浓睡不消残酒。试问卷帘人，却道海棠依旧。知否，知否？应是绿肥红瘦（《如梦令·昨夜雨疏风骤》[宋] 李清照）。

加强实际操作。纸上得来终觉浅，绝知此事要躬行。每一个看似简单的动作只有自己去做了，才能体会到其中的奥秘，也只有多动手，才能激发对机械的兴趣和热情，促使自己去思考、去学习、去创造。

天下事有难易乎？为之，则难者亦易矣；不为，则易者亦难矣。只有快乐投入、锲而不舍，才更有可能成为未来的技师、工程师、设计师、创客、企业家，实现自己的梦想。

同学们在毕业以后工作中，同事或上司一般不可能很具体地传授技艺，这就需要同学们自觉培养自己的学习能力和观察能力，勤于、善于思考和观察。请同学们讨论如何养成良好的观察习惯、培养观察能力。

三、关于实训安全

1. 安全的重要性

学生毕业走向工作岗位后，能否在最短时间内成为一名合格的、适应较高技能要求岗位的员工，是检验教育工作是否成功的标准之一。这就需要高职教育通过各种措施、途径有效培养学生学习能力、适应岗位能力、分析问题能力、解决问题能力和操作技能，同时注重培养学生安全生产意识和规范作业习惯。良好的安全意识和规范的作业习惯，无论对自己、对家人还是对同事、对企业（工作单位）、对社会都是一笔巨大的财富；无论是工作还是生活都会受益。"安全第一，生命可贵"，忽视了安全，生命将受到威胁甚至毁灭；时刻注意安全，使之成为一种行为习惯，必将受益终生。

2. 海恩里奇（Heinrich）法则

海恩里奇法则指出：每一起严重事故的背后，必然有29次轻微事故和300起未遂先兆。法则强调两点：一是事故的发生是量的积累的结果；二是再好的技术，再完美的规章，在实际操作层面，都无法取代人自身的素质和责任心。

3. 危险源类型

危险源分为第一类危险源和第二类危险源。

第一类危险源包括可能发生意外释放的能量（能源或能量载体）和危险物质，这是事故的主体，它决定事故的严重程度。

能量（能源或能量载体）：电能，激光，火焰，动能，势能（重力势能、弹性势能）等。

危险物质：有毒、有放射性、会燃烧、会爆炸的物质等。各种危险物质的标识如图0-3所示。

高压　　　　易燃　　　　易爆　　　　剧毒　　　　放射　　　　生物安全

图0-3　各种危险物质的标识

造成约束、限制能量和危险物质失控的各种不安全因素称作第二类危险源，主要体现在设备故障或缺陷（物的不安全状态）、人为失误（人的不安全行为）和管理缺陷等几个方面，这是第一类危险源导致事故的必要条件，决定事故发生的可能性大小。

事故的发生是两类危险源共同作用的结果。

 讨论事故（或灾害）的可控性和不可控性。

4. "四不伤害"原则

"四不伤害"原则即"不伤害自己、不伤害他人、不被他人伤害、保护他人不受伤害"。同学们一定要意识到：正确佩戴劳保用品就是为了不伤害自己；开展危害辨识，查找隐患，就是不能让他人留下的错误伤害到自己；遵守操作规程，禁止擅自移动、损坏、拆除安全设施和安全标志，就是为了避免一个人的不良行为给自己和他人带来伤害。

5. 安全保护措施

实训室的设备应当配备安全防护装置，比如防护栏、安全绳、安全锁、急停装置等。此外，实训室应有紧急救护设施，一旦学生在实训过程中受到意外伤害，能在第一时间得到及时的初步处理。同学们实训时不但要穿工作服、穿工作鞋、戴工作帽（长发女生），而且要根据工作需要使用合适的其他个人劳动保护用具。实训室必须配备齐全的安全保护装置或设施，如灭火器、复合式洗眼器、急救箱、安全帽、安全鞋、安全眼镜、耳塞、防尘口罩、安全锁具、绝缘手套等，在设备工作区域还要配备安全绳、安全光幕等紧急停机装置。创建尽量接近工厂真实的实训车间，让同学们有身临其境的感受。

6. 加强安全教育，提高安全意识

"意识决定行为，行为决定习惯"，要养成良好的安全行为习惯，必须从提高安全意识入手。

首先，实行类似企业的"安全例会"制度，每次课前 5 分钟，召开"安全讨论会"，由同学们提出一些"不安全"行为现象（如随意在机器上摸来摸去等无意识的不安全行为），让大家讨论，制订避免此类"不安全"行为的措施。日积月累，逐步摈弃不安全的行为习惯。

其次，每次实训之前，以小组为单位，让同学们对此次实训任务做风险预估，促使学生对实训任务的每一个环节的安全风险预先做好准备，实际操作时将更有可能采取相应措施降低风险并做好一旦发生危险的施救措施。这对学生安全行为习惯的养成非常有帮助。

最后，在实训考核方案的制定中，将安全考核纳入到成绩评定标准中，以引起学生足够的重视。学生只要有违规操作或存在安全隐患，即作为不及格处理，充分体现"安全第一"的宗旨。

讨论　1. 横穿马路时闯红灯，用铁丝代替熔丝（俗称保险丝），在学生宿舍使用大功率电器等有何危险？

2. 讨论用手直接取微波炉内加热后的盘子，用嘴吹锉削、钻削产生的铁屑，更换手电钻钻头时不断电等不良习惯的危险性。

四、关于 5S 管理

1. 5S 的概念

5S 活动的宗旨是创造一个干净、整洁、舒适、合理的工作场所和空间环境。它所追求的是人、物料、机器与自然的和谐。

5S 的内容如下：

整理：区分要用与不要用的东西，将不要用的东西清理掉。

整顿：要用的东西依规定定位、定量地摆放整齐，明确标识。

清扫：清除职场内的脏污，并防止污染的发生。

清洁：将前3项实施的做法制度化、规范化，贯彻执行并维持成果。

素养：人人依规定行事，养成好习惯。

2. 5S 的作用

（1）提高企业（单位）形象

- 吸引大众到企业（单位）观摩、学习。
- 提高企业（单位）的知名度和形象。
- 增强客户下单意愿，提高市场占有率。

（2）减少浪费

- 节省消耗品、用具及原材料。
- 节省工作场所。
- 减少准备时间。

（3）安全有保障

- 推行5S的场所必然舒适亮丽、流程明畅，可减少意外的发生。
- 全体员工遵守作业标准，不易发生工作伤害。
- 危险点有防护和警告。
- 5S活动强调危险预知训练，每个人有危险预知能力，安全得以保障。

（4）推动标准化

- 强调作业标准的重要性。
- 员工能遵守作业标准，产品质量提高而且稳定。
- 通过目视管理的运用与标准化，能防止问题的发生。

（5）增加员工的归属感

- 明朗的环境，令人心情愉快，员工有被尊重的感觉。
- 经由5S活动，员工的意识慢慢改变，有助于工作的推展。
- 员工归属感增强，人与人之间、主管和部属之间均有良好的互动关系。
- 全员参与5S活动，塑造良性的企业文化。

3. 5S 的推行

（1）"整理"的推行要领

- 所在的工作场所（范围）全部检查，包括看得到和看不到的场地，特别关注卫生死角。
- 制订"需要"和"不需要"的判别基准。
- 清除不需要物品。
- 调查需要物品的使用频度。
- 制订废弃物处理办法。
- 每日自我检查。

（2）"整顿"的推行要领

- 落实前一步骤"整理"的工作。
- 布置流程，确定放置场所。
- 规划放置方法。
- 划线定位。

- 标识场所物品（目视管理的重点）。

（3）"清扫"的推行要领

- 规定例行清扫的内容，每日、每周的清扫时间和要求。
- 清扫过程中发现不良之处，应立即加以改善。
- 清扫工具本身保持清洁与归位。
- 调查脏污的源头。
- 检讨脏污的对策：杜绝式、收集式。

（4）"清洁"的推行要领

- 落实前3项工作。
- 制订目视管理、颜色管理的基准。运用红牌看板。
- 制订稽核方法。
- 制订奖惩制度，加强执行。
- 维持5S意识。
- 高层主管经常巡查，督促落实。

（5）"素养"的推行要领

- 持续推动前4项至习惯化。
- 制订共同遵守的制度。
- 制订礼仪守则。
- 加强教育培训。
- 推动企业（单位）文化进步。

五、期待

大学是崇尚独立思想的神圣殿堂，是同学们思想、心智、兴趣、爱好、身体和理想放飞的场所，是同学们确立志向、成长成熟、增加见识、增长才干、提升能力、培养兴趣爱好特长的地方，是同学们走向社会、奔向未来的重要驿站和加油站。它使同学们第一次有机会最大限度地自主把控自己的学习、生活和工作。大学课堂是在教师的引导（或主持）下同学们谈经论道、探索真理、明辨是非、实验求证、创造创新、切磋技艺的所在。讨论至此，相信同学们已是摩拳擦掌、跃跃欲试了吧。那就请同学们在深情朗读梁启超先生的《少年中国说》后正式开始本课程的学习吧。

少年中国说（节选）
梁启超

故今日之责任，不在他人，而全在我少年。少年智则国智，少年富则国富，少年强则国强，少年独立则国独立，少年自由则国自由，少年进步则国进步，少年胜于欧洲，则国胜于欧洲，少年雄于地球，则国雄于地球。红日初升，其道大光；河出伏流，一泻汪洋；潜龙腾渊，鳞爪飞扬；乳虎啸谷，百兽震惶；鹰隼（sǔn 鸟类的一科）试翼，风尘吸张；奇花初胎，矞矞（yù 彩云）皇皇；干将发硎（xíng 磨刀石），有作其芒；天戴其苍，地履其黄；纵有千古，横有八荒；前途似海，来日方长。美哉，我少年中国，与天不老！壮哉，我中国少年，与国无疆！

【课外阅读】

世界机械发展简史

杨绍荣（金华职业技术学院）

世界机械的发展史与人类文明的发展史紧密相连。根据人类文明发展史，世界机械的发展史可以分为四个阶段：第一阶段发生在大约200万年前至50万年前称之为原始阶段；第二阶段发生在大约公元前7000年至18世纪初为古代机械发展阶段；从18世纪中叶到20世纪初为近代机械发展阶段；20世纪初至今为现代机械发展阶段。

在人类历史的长河中，发生了几次决定人类命运的大革命。第一次革命发生在大约200万年前至50万年前，人类学会了使用最简单的机械——石斧、石刀之类的天然工具，劳动造就了人。接着，人类发现并使用了火，食用熟食使人类更加聪明，而且延长了人类的寿命。

考古学家发现，约公元前7000年，巴勒斯坦地区犹太人建立杰里科城，城市文明首次出现在地球上，最早的车轮或许是此时诞生的。约公元前4700年，埃及巴达里文化进入青铜器时代，出现了搬运重物的工具，有滚子、撬棒、滑轮组和滑橇等，在建造金字塔时就使用这类工具。公元14世纪以前，我国的发明创造在数量、质量以及发明时间上都是领先的。例如四大发明，指南车（利用齿轮传动系统，根据车轮的转动，由车上木人指示方向，不论车子转向何方，木人的手始终指向南方）等。到公元15世纪，西方的机械科学才超过中国。1698年英国的萨弗里制成第一台实用的用于矿井抽水的蒸汽机——"矿工之友"，开创了用蒸汽做功的先河。

18世纪从英国发起的技术革命，是技术发展史上的一次巨大革命，它开创了以机器代替手工工具的时代。这不仅是一次技术改革，更是一场深刻的社会变革。这场革命以工作机的诞生开始，以蒸汽机作为动力机被广泛使用为标志。在这一时期英国瓦洛和沃恩先后发明球轴承；英国威尔金森发明较精密的炮筒镗床，这是第一台真正的机床——加工机器的机器，它成功地用于加工气缸体，使瓦特蒸汽机得以投入运行；英国卡特赖特发明动力织布机完成了手工业和工场手工业向机器大工业的过渡；英国威尔金森建成第一艘铁船；英国圣托马斯发明缝制靴鞋用的链式单线迹手摇缝纫机，这是世界上第一台缝纫机；德国德赖斯发明木制、带有车把、依靠双脚蹬地行驶的两轮自行车；美国奥蒂斯设计制造单斗挖掘机械等。1870年以后，科学技术的发展突飞猛进，各种新技术、新发明层出不穷，并被迅速应用于工业生产，大大促进了经济的发展。这就是第二次工业革命。当时，科学技术的突出发展主要表现在三个方面，即电力的广泛应用、内燃机和新交通工具的创制、新通信手段的发明。在这一时期，美国发明家爱迪生发明了电灯；德国机械工程师卡尔·本茨制成第一辆汽车；电话、飞机等被发明出来。

20世纪60年代以来，一大批逐步形成的高技术如微电子技术、信息技术、自动化技术、生物技术、新材料技术、新能源技术、空间技术、海洋开发技术、激光和红外技术、光纤技术等与之前发展起来的机械结合起来，渗透到经济、军事各个领域，速度之快令人咋舌。例如手机是通信技术、微电子技术和机械技术的结合；试管婴儿是生物技术与机械技术的结合；太空探索是空间技术和机械技术的结合等。

世界机械发展的趋势：

1）未来机械的发展越来越离不开利用计算机进行设计和控制精度。比如制作一个凸轮，用图解法来设计精度不高，用解析法来设计计算极其麻烦而且手工加工凸轮误差太大，这样设计出来的成品在 20 世纪来说不算落后，但是对于 21 世纪来说精度明显不够。用计算机辅助设计技术解析来代替人为解析就能达到精度要求，无论凸轮多么复杂。

2）未来机械离不开智能化。智能化只能依赖于软件来实现，例如智能机器人就是机械和软件的完美结合，机械中要把握自由度的控制，软件要把握程序的设计。

3）未来机械还在于其微型化。纳米技术在机械中的使用会变得很重要，如用纳米技术制作的微型侦察器用于军事侦察。

4）机械与新材料结合。如在航天、航海等方面的应用。

5）另外，机械还会朝着节约能源、利用新能源和减少污染等方面发展。人类的物质生活发展了，同时地球温度在上升，空气中的污染在加重；近年来的地震、火山、海啸等自然灾害频繁发生，能源的过度开发和使用，都对环境的污染有着直接或间接的关系。现今工厂仍然冒着浓浓的黑烟，汽车的尾气依然充斥着整个大气，石油天然气等资源面临匮乏的境地……

机械是工业之母。未来机械发展及其与各方面技术结合，需要的不仅仅是传统意义上的机械设计人才，而是复合型人才，比如材料机械人才，软件机械人才，计算机运用机械人才等。未来机械的发展趋势是发展"绿色环保节能机械"，减少环境污染，提高机械的能源利用率，使用新能源如太阳能、风能等。

典型产品装配

【教学目标】

理解装配的概念；了解并基本掌握机械装配工艺规程的制定；掌握常用装配工具的使用与保养；掌握装配的基本技能；了解装配夹具的使用和保养。

促成目标：

1）能选择装配基准件。

2）能划分装配单元。

3）能制定简单的装配工艺路线。

4）能分析或确定装配流水线的节拍。

5）能使用和保养常用装配工具。

6）能掌握电子电路的一般焊接技巧。

【工作任务】

电钻装配。

角向磨光机流水线装配。

任务1.1　电　钻　装　配

【实训器材】

电钻全套散件。

装配工作台。

常用装配工具（螺丝刀、剪刀、剥线钳、线扣钳、木锤、气动螺丝刀、电动螺丝刀、热风枪、热熔胶枪、卡簧钳等）。

常用量具。

常用钳工工具。

润滑油枪、润滑脂、油石、砂纸。

【基础知识】

1. 几个与装配有关的概念

零件是组成机器和参加装配的最小单元，它由整块金属（或其他材料）制成，如图1-1

所示。

套件是由一个基准零件，装上一个或若干个零件构成，它是最小的装配单元。

组件是由一个基准零件，装上若干套件及零件构成。组件在机器中没有完整的功能，但可以作为独立的单元进行装配。

部件是由一个基准零件，装上若干组件、套件及零件构成。部件在机器中能完成一定的、完整的功用。

装配是指把各个零、部件组合成一个整体的过程。

安装是指按照一定的程序、规格、方法，把机械或器材固定在一定的位置上的过程。

图 1-1　各种零件

按技术要求，将若干零件结合成部件或将若干零件和部件结合成机器的过程称为装配。前者称为部件装配，后者称为总装配。

思考
1. 部件和组件有什么不同？
2. 装配和安装有什么不同？
3. 空调行业有一个说法"三分质量，七分安装"，请调查了解空调安装中的注意事项。

2. 装配的重要性

（1）没有装配就没有产品　装配是产品制造中的最后一道工序，装配最终造就产品。

（2）装配直接影响甚至决定产品质量　装配过程是保证产品（或部件）达到各种技术要求的关键。

一方面，合格的零件、精度高的零件，如果没有好的装配，也不会有好的产品。在生产中经常会遇到这样的情况：产品装配后质量上有问题，但拆解有问题的产品，检测其零、部件又都是合格的。这类情况的出现，其中一个很重要的原因是装配工作没有做到位，影响了装配后产品的质量。装配工作的好坏，对整个产品的质量有着极其重要的影响。零件间的配合不符合规定的技术要求，产品就可能不能正常运转；零、部件之间的相互位置不正确，轻则影响产品的工作性能，重则使产品无法工作；在装配过程中，不重视清洁工作，粗枝大叶，乱敲乱打，不按工艺要求装配，也绝不可能装配出高品质产品。装配质量差的产品，精度低、性能差、消耗大、寿命短。

另一方面，虽然某些零件、部件的精度并不高，但经过仔细的修配、精确的调整后，仍可能装配出性能良好的产品。

由此可见，装配工作是一项非常重要而细致的工作，必须认真对待。

3. 互换性

在机械工业中，互换性是指同一规格的零、部件，在装配或更换时，不做任何选择、辅助加工及修配，就能装配成产品，且能达到预定使用性能的要求。

互换性按其互换的程度不同可分为完全互换和不完全互换。

完全互换——当零、部件在被装配或更换前，不做任何选择；装配或更换时，不做修配；装配或更换后，能满足预定使用性能要求。

不完全互换——当零、部件在被装配或更换前，允许有部分选择；装配或更换时，不做修配；装配或更换后，能满足预定使用性能要求。

1. 同一把锁的钥匙，有互换性吗？

2. 同一种锁但不是同一把锁的钥匙，可互换吗？此现象与机械工业中的互换性是否有关？

4. 公差与表面粗糙度

公差是实际参数值的允许变动量。对于机械制造来说，制定公差的目的就是为了确定产品的几何参数，使其变动量在一定的范围之内，以便达到互换或配合的要求。

公差概念出现的必要性：①批量生产；②加工误差的绝对性（无论多么精密的零件加工都无法百分之百准确）；③给零件的偏差定一个可接受的范围。

1）公称尺寸：设计时给定的尺寸，称为公称尺寸。

2）实际尺寸：零件加工后经测量所得到的尺寸，称为实际尺寸。

3）极限尺寸：实际尺寸允许变化的两个界限值称为极限尺寸。它以公称尺寸确定。两个极限值中较大的一个称为上极限尺寸；较小的一个称为下极限尺寸。

4）尺寸公差：允许尺寸的变动量称为尺寸公差，简称公差。公差等于上极限尺寸与下极限尺寸的代数差的绝对值；或等于上极限偏差与下极限偏差代数差的绝对值。

5）几何公差：几何公差包括形状公差、位置公差、方向公差和跳动公差。

6）配合公差：指组成配合的孔、轴的公差之和。它是允许间隙或过盈的变动量。

7）表面粗糙度：表面粗糙度是指加工后零件表面的微观不平度，以微米为单位。高精度的零件要求有低的表面粗糙度值。

5. 配合

配合是指公称尺寸相同、互相结合的孔和轴的公差带之间的关系。

公称尺寸相同、相互配合的孔和轴的公差带之间的关系，决定配合的松紧程度。孔的尺寸减去相配合轴的尺寸所得的代数差为正时称间隙，为负时称过盈。按孔、轴公差带的关系，即间隙、过盈及其变动的特征，配合可以分为三种情况：①间隙配合。孔的公差带在轴的公差带之上，具有间隙（包括最小间隙等于零）的配合。间隙的作用为贮藏润滑油、补偿各种误差等，其大小影响孔、轴相对运动程度。间隙配合主要用于孔、轴间的活动联系，如滑动轴承与轴的配合。②过盈配合。孔的公差带在轴的公差带之下，具有过盈（包括最小过盈等于零）的配合。过盈配合中，由于轴的尺寸比孔的尺寸大，故需采用加压或热胀冷缩等办法进行装配。过盈配合主要用于孔、轴间不允许有相对运动的紧固连接，如大型齿轮的齿圈与轮毂的配合。③过渡配合。孔和轴的公差带互相交叠，可能具有间隙、也可能具有过盈的配合（其间隙和过盈一般都较小）。过渡配合主要用于要求孔、轴间有较好的对中性和同轴度且易于拆卸、装配的定位连接。配合中允许间隙或过盈的变动量称为配合公差，它等于相互配合的孔、轴公差之和，表示配合松紧的允许变动范围。

1. 一个孔和一个轴之间的配合有几种情形？

2. 一批孔和一批轴之间的配合有几种情形？

6. 螺纹紧固件

螺纹紧固件包括螺栓、螺钉、螺柱、螺母、垫圈、销、铆钉和挡圈等大类，如图 1-2、图 1-3 和图 1-4 所示。

螺钉分类：开槽；十字；外六角；内六角；单向（只可旋入，不可退出）；沉头（旋入后，顶部与工作件齐平）；半沉头；圆头；盘头；大圆扁头；六角头。

螺栓的头部一般为六角形，杆部带有外螺纹。

螺柱实际应叫"双头螺柱"，两头均有外螺纹，中间一般是光杆。螺纹长的一端用来与深孔联接，短的一端与螺母联接。

螺母，俗称螺帽，外形通常为六角形，内孔为内螺纹，用来与螺栓联接，把相关零件紧固。

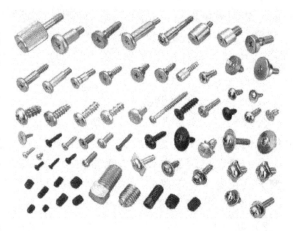

图1-2　各种螺钉

图1-3　外六角螺钉

图1-4　内六角螺钉

图1-5所示为几种特种螺母。

7. 螺钉旋具

螺钉旋具用于旋紧或松开头部带沟槽的螺钉。一般螺钉旋具的工作部分用碳素工具钢制成，并经淬火硬化。高质量的螺钉旋具为了确保强度和预防损坏刀刃，工作部分由铬-钒合金钢制成，手柄根据人体工程学设计，由木材或塑料制成，使作业者手感舒适方便。

常见的螺钉旋具如下。

（1）标准螺丝刀

一字槽螺丝刀：用于拧紧或松开头部带一字槽的螺钉。为防止刃口滑出螺钉槽，刀刃的前端必须平直。

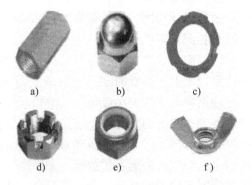

图1-5　特种螺母
a）联接螺母　b）盖螺母　c）圆螺母
d）槽螺母　e）六角焊接螺母　f）蝶螺母

十字槽螺丝刀：用于拧紧或松开头部带十字槽的螺钉。由于其拧紧或旋松螺钉时的接触面积更大，在较大的拧紧力作用下，也不易从槽中滑出。同时，十字槽螺钉使得十字槽螺丝刀更容易放置，从而使操作更方便。

一字槽螺丝刀和十字槽螺丝刀如图1-6所示。

（2）其他螺钉旋具

拳头螺丝刀：形状粗而短，适用于螺钉头上部空间较小的场合，如图1-7所示。

图1-6　标准螺丝刀　　　　　　　　　　　图1-7　拳头螺丝刀

双弯头螺钉旋具：适用于螺钉上部空间更小的场合。双弯头螺钉旋具的两端均有刃口，十字槽双弯头螺钉旋具的两端刃口尺寸不相同，而一字槽双弯头螺钉旋具两端刃口的尺寸相同，它们互成90°，如图1-8所示。

冲击螺钉旋具：用于普通螺钉旋具难以松开的场合。可设定为顺转，也可逆转。冲击螺钉旋具对于各种类型的螺钉有不同的可换刃口，如图1-9所示。

图1-8　双弯头螺钉旋具　　　　　　　　　图1-9　冲击螺钉旋具

夹紧螺丝刀：用于操作性很差的场合。有两种不同的类型，一种是刀体被分成两部分，通过把一个环移动到前端，刃口在槽中将螺钉夹住；另一种是有两个夹紧簧平行于刃口，通过向前推动环就能夹住螺钉头。

吸力螺丝刀：采用具有永磁性的刃口来吸附螺钉。

（3）螺丝刀使用方法　选择大小合适的一字槽或十字槽螺丝刀；

将螺丝刀对正并垂直压向螺钉头；

分析并确定螺钉的螺纹旋向（左旋或右旋）；

将螺钉旋紧至合适程度。

1. 冲击螺钉旋具的工作原理是什么？

2. 举例说明冲击螺钉旋具的应用场合。

讨论

8. 气动螺丝刀、电动螺丝刀

（1）气动螺丝刀　也叫气动起子、风批、风动起子、风动螺丝刀等（图1-10），是用于拧紧或旋松螺钉、螺母的气动工具。气动螺丝刀用压缩空气作动力。有的气动螺丝刀装有调节和限制扭矩装置，称为全自动可调节扭力式气动螺丝刀，简称全自动气动螺丝刀。有的气动螺丝刀无调节装置，只是用开关旋钮调节进气量的大小以控制转速或扭力的大

图1-10　气动螺丝刀

小，称为半自动不可调节扭力式气动螺丝刀，简称半自动气动螺丝刀。气动螺丝刀主要用于各种装配作业。

（2）电动螺丝刀　也叫电批，是一种用于拧紧或旋松螺钉、螺母的电动工具（图1-11）。气动螺丝刀和电动螺丝刀都配有各种旋具头（图1-12）。

图1-11　电动螺丝刀　　　　　　　　　　　　图1-12　旋具头

9. 其他螺纹工具

（1）活扳手　活扳手是一种用来紧固或旋松螺母的工具（图1-13）。一般有100mm、150mm、200mm、250mm、300mm、375mm、450mm、600mm等规格，所对应的最大开口尺寸分别是13mm、19mm、24mm、28mm、34mm、43mm、52mm、62mm。活扳手一般采用Cr-V钢（Cr-V钢是加入铬钒合金元素

图1-13　活扳手

的合金工具钢，热处理后硬度60HRC以上）、碳钢等材料制造。使用时应使其固定开口面受拉力，活动开口面受压力，不可反用，也就是使扭力作用在开口较厚的一边，如图1-14所示。

（2）呆扳手　呆扳手的一端或两端制有固定尺寸的开口，用以拧转一定尺寸的螺母或螺栓，如图1-15所示。

（3）梅花扳手　梅花扳手两端具有带六角孔或十二角孔的工作端，适用于工作空间狭小，不能使用普通扳手的场合，如图1-16所示。

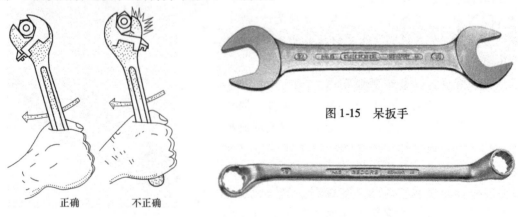

正确　　　　不正确

图1-14　活扳手的使用

图1-15　呆扳手

图1-16　梅花扳手

（4）两用扳手（开口梅花扳手） 两用扳手的一端与单头呆扳手相同，另一端与梅花扳手相同，两端拧转同一规格的螺栓或螺母，如图 1-17 所示。

图 1-17 两用扳手

（5）套筒扳手 套筒扳手带有多个带六角孔或十二角孔的套筒，并配有手柄、接杆等多种附件，特别适用于拧转空间十分狭小或凹陷很深的螺栓或螺母，如图 1-18、图 1-19 和图 1-20 所示。

图 1-18 三叉套筒扳手

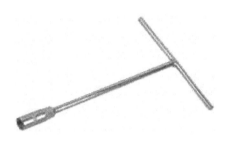

图 1-19 T 形套筒扳手

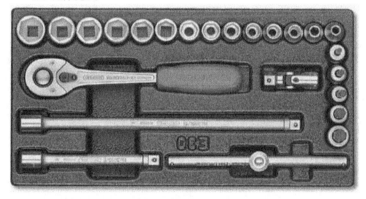

图 1-20 套筒扳手（套）

（6）棘轮扳手（快速扳手） 棘轮扳手是一种只能向一个方向旋转的扳手，一般配合套筒使用，非常方便快捷。由于棘轮受最大力矩限制，使用时要防止用力过大而损坏，如图 1-21 所示。图 1-22 所示是棘轮原理图。

图 1-21 棘轮扳手

图 1-22 棘轮原理

（7）内六角扳手 成 L 形的六角棒状扳手专用于拧转内六角螺钉。它的规格数字指的是六方的对边尺寸，如图 1-23 所示。

图 1-23 内六角扳手

1. 梅花扳手和两用扳手相比的好处是什么？
2. 内六角扳手的规格数字指的是什么？

10. 卡簧、卡簧钳

（1）卡簧 卡簧也叫弹性挡圈或扣环，是紧固件的一种，安装在机器、设备的轴槽或孔槽中，起着阻止轴上或孔上的零件做轴向移动的作用，如图 1-24 所示。

（2）卡簧钳 拆装（取出或者安装）卡簧的专用工具。又称弹性挡圈钳。

卡簧钳有孔用和轴用两种。常态时钳口闭合的是轴用卡簧钳；常态时钳口打开的是孔用卡簧钳，如图 1-25 所示。

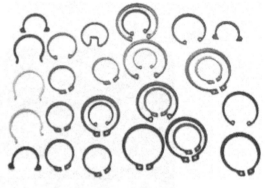

图 1-24 卡簧

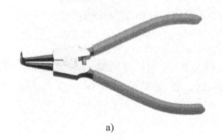 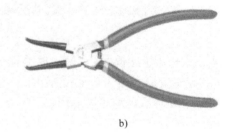

a) b)

图 1-25 卡簧钳
a）轴用卡簧钳 b）孔用卡簧钳

1. 卡簧钳在使用中其尖头很容易打滑，如何解决？
2. 在将卡簧拆下来的过程中，如何防止卡簧飞出？

11. 其他工具

润滑油枪如图 1-26 所示。钢丝钳如图 1-27 所示。尖嘴钳如图 1-28 所示。此外，常用工具还有铁锤、木锤、铜棒等。

图 1-26 润滑油枪

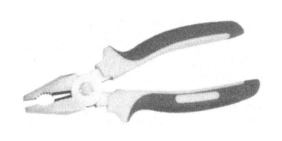

图 1-27 钢丝钳

12. 常用量具

（1）游标卡尺 是一种测量长度、内外径、深度的量具。游标卡尺由主尺和附在主尺上能滑动的游标两部分构成。主尺以毫米为单位，而游标上则有 10、20 或 50 个分格几种。根据分格的不同，游标卡尺可分为 10 分度游标卡尺、20 分度游标卡尺、50 分度游标卡尺。游标为 10 分度的有 9mm，20 分度的有 19mm，50 分度的有 49mm。游标卡尺的主尺和游标上有两副活动量爪，分别是内测量爪和外测量爪，内测量爪通常用来测量内径，外测量爪通常用来测量长度和外径，如图 1-29 所示。

图 1-28 尖嘴钳

图 1-29 游标卡尺

（2）游标深度卡尺 游标深度卡尺用于测量凹槽或孔的深度、梯形工件的梯层高度、长度等尺寸，简称深度尺。常见量程有 0 ~ 100mm、0 ~ 150mm、0 ~ 300mm、0 ~ 500mm。常见分度值有 0.02mm、0.01mm（由游标上分格数决定），如图 1-30 所示。

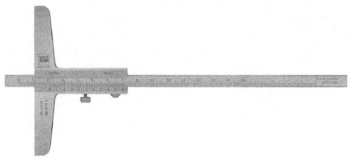

图 1-30 游标深度卡尺

（3）游标高度卡尺　简称高度尺，主要用于测量工件的高度，另外还经常用于测量形状和位置尺寸，有时也用于划线。

（4）千分尺　又称螺旋测微仪、分厘卡，是比游标卡尺更精密的测量长度的工具，可准确到0.01mm，测量范围为几厘米。它的一部分加工成螺距为0.5mm的螺纹，当它在固定套管的螺套中转动时，将前进或后退，活动套管和螺杆连成一体，其周边等分成50个分格。螺杆转动的整圈数由固定套管上间隔0.5mm的刻线测量，不足一圈的部分由活动套管周边的刻线测量，最终测量结果需要估读一位小数，如图1-31所示。

（5）游标万能角度尺　又称角度规、游标角度尺和万能量角器，是利用游标读数原理来直接测量工件角度或进行划线的一种角度量具，如图1-32所示。

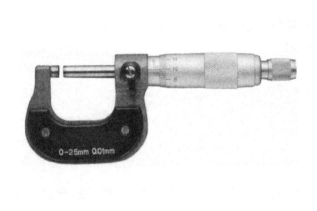

图1-31　千分尺

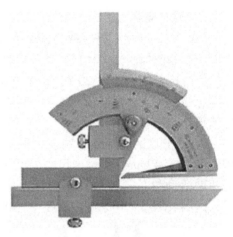

图1-32　游标万能角度尺

13. 电钻

电钻是利用电做动力的钻孔机具（图1-33），是电动工具中的常规产品，也是需求量最大的电动工具类产品。电钻规格有4mm、6mm、8mm、10mm、13mm、16mm、19mm、23mm、32mm等，数字指在抗拉强度为390MPa的钢材上钻孔时钻头最大直径。对有色金属、塑料等材料，最大钻孔直径可比原规格大30%～50%。调速电钻的电路原理图如图1-34所示。

图1-33　电钻

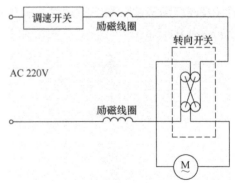

图1-34　调速电钻电路原理图

图1-35所示为一种冲击电钻的分解图。

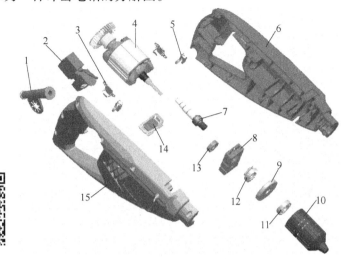

图1-35　冲击电钻分解图

1—电源线护套　2—开关　3—电刷　4—电动机　5—电刷架　6—左机壳　7—输出轴　8—支撑块
9—大齿轮　10—钻夹头　11—轴承　12—冲击齿　13—轴承　14—冲击转换钮　15—右机壳

1. 在电钻中电容、电感起什么作用？
2. 有的电钻有正反转，有何作用？
3. 有的电钻有几档转速可以调节，有何作用？
4. 有的电钻有冲击功能，有何好处？

14. 机床、机器、工具

机床是指制造机器的机器，又称工作母机或工具机，习惯上简称机床（"床"指起安稳作用的底座）。机床一般可分为金属切削机床、锻压机床和木工机床等。现代机械制造中加工机械零件的方法很多，除切削加工外，还有铸造、锻造、焊接、冲压、挤压等，但精度和表面粗糙度要求较高的零件，一般都需在机床上用切削（或磨削）的方法进行最终加工。

机器是由各种金属和非金属部件组装成的装置，通过消耗能量实现运转或做功。用来代替人的劳动、进行能量变换以及做有用功。机器一般由动力部分、传动部分、执行部分和控制部分组成。

在下列特征中：

1）一种人为的实物组合。

2）组成整体的各实物单元之间具有确定的相对运动关系。

3）可以代替人的劳动，实现能量转换或完成有用的机械功。

同时具有三个特征的实物组合称为机器；仅具备前两个特征的称为机构。工程上将机器和机构统称为机械。

机构是一个很重要的概念。机构是一种各实物单元之间具有确定的相对运动关系的人为实物组合。

装置是指各机器、仪器或其他设备中结构较复杂并具有某种独立功用的物件。

设备是指可供人们在生产中长期使用，并在反复使用中基本保持原有实物形态和功能的生产资料和物质资料的总称。

机械概念外延如图 1-36 所示。请从"机械""机构""机器""装置""机床""设备"等名词中选择合适名词并填入表 1-1。

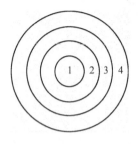

图 1-36　机械概念外延图

表 1-1　机械概念外延表

1	
2	
3	
4	

工具是指能够方便人们完成工作的器具。工具的本质是替代人体完成工作，它不一定是人制造出来的，但一定是人试图并且能够使用的，所以工具概念的核心是人的思维和操作的一体化。大部分工具都是简单机械，例如一根铁棍可以当作杠杆使用，力点离开支点越远，杠杆传递的力就越大。只有人类才会制造工具，可以将人定义为能够制造和使用工具的动物。

15. 电子元器件焊接

将工作台擦拭干净，准备好被焊件、烙铁、焊锡丝、烙铁架等，接通烙铁的电源。

将熔锡的烙铁头放在吸水海绵或松香上擦拭，以除去烙铁头上的氧化物，然后再在烙铁头上加锡，使其处于待焊状态。

将烙铁头放在被焊件的焊盘上，使焊点温度升高（有利于焊接）。如果烙铁头上有锡，则会使烙铁头上温度很快传递到焊接点上。

用焊锡丝接触到焊接处，熔化适量的焊料。焊锡丝应从烙铁头侧面加入，而不是直接加在烙铁头上。

当焊锡丝熔化数秒后，先移开焊锡丝，再移开电烙铁。焊点冷却后，用斜口钳将元器件的管脚剪掉。

被焊金属表面应保持清洁。

适当的焊接温度为 280 ~ 350℃。

合适的焊接时间为约 3s，反复焊接次数不得超过 3 次，最好一次成形。

焊点上的焊料要适当。

焊点应有良好的导电性、良好的机械强度、特殊的光泽和良好的颜色。焊点不应有凹凸不平、明暗、拉尖、缺锡等现象。焊点上不应有污物。

16. 电子仪器、常用工具和材料

（1）电子仪器

1）万用表：一种多功能、多量程的测量仪表，可测量直流电流、直流电压、交流电流、交流电压、电阻和音频电平等。有的万用表还可以测电容量、电感量及半导体的一些参数等，如图 1-37 所示。

图 1-37　万用表

2）示波器：一种用途十分广泛的电子测量仪器。它能把电信号变换成图像，便于人们研究各种电现象的变化过程。示波器利用狭窄的、由高速电子组成的电子束，打在涂有荧光物质的屏面上产生细小的光点。在被测信号的作用下，电子束就好像一支笔的笔尖，在屏面上描绘出被测信号的瞬时值的变化曲线。利用示波器能观察各种不同信号幅度随时间变化的波形曲线，还可以用它测量各种不同的电量，如电压、电流、频率、相位差、调幅度等，如图1-38所示。

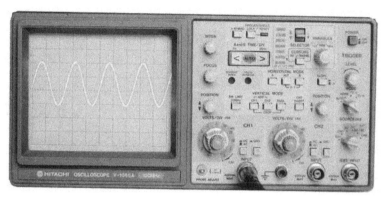

图1-38 示波器

（2）常用工具

1）剪刀：切割布、纸、薄钢板、绳、细钢丝等片状或线状物体的双刃工具，两刃交错，可以开合。

2）剥线钳：电工、电动机修理工、仪器仪表电工常用的工具之一。用于剥除电线头部的表面绝缘层，如图1-39所示。

3）电烙铁：最常用的焊接工具。新烙铁使用前应用细砂纸将烙铁头打光亮，通电烧热，蘸上松香后用烙铁头刃面接触焊锡丝，使烙铁头上均匀地镀上一层锡，这样便于焊接并防止烙铁头表面氧化。旧的烙铁头如严重氧化而发黑，可用钢锉锉去表层氧化物，使其露出金属光泽后重新镀锡方可使用。电烙铁将电能转换成热能对焊接点部位进行加热焊接，如图1-40所示。

图1-39 剥线钳

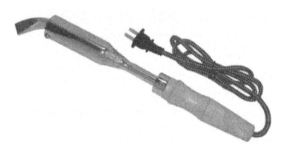

图1-40 电烙铁

电烙铁用220V交流电源，使用时要特别注意安全。应认真做好以下几点：

①电烙铁插头使用三极插头，要使外壳妥善接地。

②使用前，应认真检查电源插头、电源线有无损坏，并检查烙铁头是否松动。

③电烙铁使用中，不能用力敲击，要防止跌落，烙铁头上焊锡过多时，可用布擦掉，不可乱甩，以防烫伤他人。

④焊接过程中，烙铁不能乱放，不焊时，应放在烙铁架上，注意电源线不可搭在烙铁头上，以防烫坏绝缘层而发生事故。

⑤使用结束后，应及时切断电源，拔下电源插头，冷却后再将电烙铁放回工具箱。

（3）辅助工具

1）斜口钳：主要用于剪切导线、电子元器件多余的引线，如图1-41所示。

2）热风枪：利用发热电阻丝的枪芯吹出的热风来对元件进行焊接或摘取元件的工具，如图1-42所示。

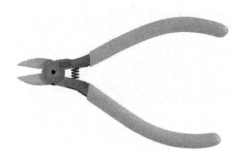

图1-41　斜口钳

图1-42　热风枪

3）热熔胶枪：主要用于热熔胶的熔化和打胶，如图1-43所示。

（4）材料

1）焊锡丝：焊接电子元件一般采用有松香芯的焊锡丝。这种焊锡丝熔点较低，而且内含松香助焊剂，使用极为方便，如图1-44所示。

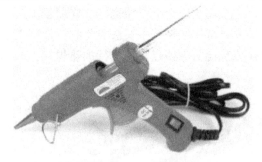

图1-43　热熔胶枪

图1-44　焊锡丝

2）助焊剂：常用的助焊剂是松香或松香水（将松香溶于酒精中）。使用助焊剂，可以帮助清除金属表面的氧化物，利于焊接，又可保护烙铁头。焊接较大元件或导线时，也可采用焊锡膏，但焊锡膏有一定腐蚀性，焊接后应及时清除残留物，如图1-45所示。

3）热缩管：这是一种特制的聚烯烃材质热收缩套管，也叫EVA管，具有高温收缩、柔软阻燃、绝缘防蚀功能。热缩管广泛应用于各种线束、焊点、电感的绝缘保护或者金属管、棒的防锈、防蚀等，电压等级600V，如图1-46所示。

图1-45　焊锡膏

图1-46　热缩管

【拓展知识】

1. 人机料法环

人机料法环是全面质量管理理论中的5个影响产品质量的主要因素的简称。人，指制造产品的人员；机，指制造产品所用的设备；料，指制造产品所使用的原材料；法，法则，指制造产品所使用的方法；环，指产品制造过程中所处的环境。人机料法环管理图如图1-47所示。

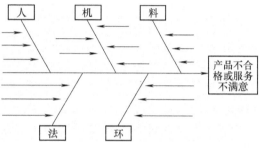

图1-47　人机料法环管理图

2. 电动工具

电动工具是一种以小容量电动机或电磁铁为动力，通过传动机构来驱动工作头进行作业的手持式或携带式机械工具。图1-48至图1-51所示是几种常见电动工具。

图1-48　电锤

图1-49　切割机

图1-50　角向磨光机

图1-51　曲线锯

电动工具使用中一定要注意安全，防止触电或被刀具伤害。使用结束后应立即关闭电源开关并及时将插头从插座上拔下。

3. 电锤

电锤是电钻中的一类，主要用来对混凝土、楼板和石材钻孔。

电锤是在电钻的基础上增加一个由电动机带动的活塞，在气缸内往复压缩空气，使气缸内空气压力呈周期性变化，变化的空气压力带动与气缸连接的击锤往复打击钻头的顶部，好像用锤子敲击钻头，故名电锤。由于电锤的钻头在转动的同时还有沿着电钻杆方向的快速往复运动（频繁冲击），所以它可以在脆性大的水泥混凝土及石材等材料上快速打孔。高档电锤可以利用转换开关使电锤的钻头处于不同的工作状态，如只转动不冲击，只冲击不转动，既冲击又转动等。

4. 单相串励电动机

单相串励电动机的定子和转子如图 1-52 所示。单相串励电动机输入电源为单相交流电，为使两个磁极的极性相反，以形成电磁回路，两个线圈的连接必须正确。考虑到两个线圈的绕线方向是相同的，在嵌入定子槽中时的安放位置及方式也是一致的（线圈安放时的线头、线尾位置一致），因此必须线尾和线尾相接，或线头和线头相接。实际电动机的线头连接是通过电刷和转子绕组来连通的，即哪两个线端连到电刷架的接线片上，此两线端就是连接的线端。由此可见，定子线圈与转子线圈之间的连接方式是串联，如图 1-53 所示。

图 1-52　单相串励电动机的定子和转子

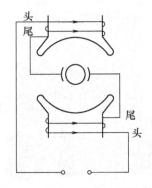

图 1-53　单相串励电动机接线图

换向器是直流永磁串励电动机（包括单相串励电动机）上为了使电动机持续转动的一个部件，如图 1-54、图 1-55 所示。当直流永磁串励电动机的转子线圈通入电流后，在磁场的作用下，通过吸引和排斥力的作用而发生转动，当它转到和磁铁（定子磁场）平衡时，原来通着电的线圈对应换向器上的触片就与电刷分离，接着电刷连接到符合产生推动力的那组线圈对应的触片上，这样不停地重复下去，直流电动机就不停转动起来。

电刷又称碳刷，如图 1-56 所示。它在单相串励电动机中除了沟通转子与外电路外，还起电流换向作用。电刷固定于电刷架或刷握。通常情况下，用电动工具拆卸时，应在取出转子前先取出电刷（使转子与电刷分离）；用电动工具装配时，先装入转子后再装入电刷。

图 1-54 换向器

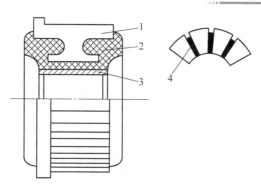

图 1-55 换向器结构
1—换向片 2—塑料壳体 3—金属衬套 4—云母片

图 1-56 电刷

 为什么通常情况下用电动工具拆装电动机时，应在取出转子前先取出电刷（使转子与电刷分离），装入转子后再装入电刷？

5. 电子元件的焊前处理

1）焊接前，应对元件引脚或电路板的焊接部位进行焊前处理。

清除焊接部位的氧化层。可用断锯条制成小刀，刮去金属引线表面的氧化层，使引脚露出金属光泽。印制电路板可用细纱纸将铜箔打光，再涂上一层松香酒精溶液。

2）在刮净的引线上镀锡。可将引线蘸一下松香酒精溶液后，将带锡的热烙铁头压在引线上，并转动引线，即可使引线均匀地镀上一层很薄的锡层。导线焊接前，应将绝缘外皮剥去，再经过上面两项处理，才能正式焊接。若是多股金属丝的导线，打光后应先拧在一起，然后再镀锡。

6. 电烙铁的选择

电烙铁的功率应由焊接点的大小决定。焊点的面积大，焊点的散热速度快，选用的电烙铁功率也应该大些。电烙铁的功率有 20W、25W、30W、35W、50W 等，一般情况下选用 30W 的电烙铁比较合适。

电烙铁经过长时间使用后，烙铁头部会生成一层氧化物，不易上锡。可用锉刀锉掉氧化层，将烙铁通电后等烙铁头部微热时插入松香中，涂上焊锡即可继续使用。新的电烙铁也必须先上锡后才能使用。

一般的晶体管、集成电路电子元器件焊接选用 20W 的内热式电烙铁，功率过大容易烧坏元件，因为二极管、晶体管结点温度超过 200℃ 就会烧坏。

7. 焊锡和助焊剂

应选用低熔点的焊锡丝和没有腐蚀性的助焊剂，比如松香。不宜采用工业焊锡和有腐蚀性的酸性焊油，最好采用含有松香的焊锡丝，使用起来更方便。

8. 焊接技术

元件必须清洁和镀锡。电子元件在保存中，由于空气氧化的作用，元件引脚上附有一层氧化膜，同时还有其他污垢，焊接前可用小刀刮掉氧化膜，并且立即涂上一层焊锡（俗称搪锡），然后再进行焊接。经过上述处理后元件容易焊牢，不容易出现虚焊现象。

焊接时应使电烙铁的温度高于焊锡的温度，但也不能太高，以烙铁头接触松香刚刚冒烟为好。焊接时间太短，焊点的温度过低，焊点融化不充分，焊点粗糙，容易造成虚焊；反之焊接时间过长，焊锡容易流淌，并且容易使元件过热而损坏。

焊接点上的焊锡量太少时焊接不牢，机械强度也差，而太多容易造成外观一大堆而内部未接通。焊锡以刚好将焊接点上的元件引脚全部浸没、轮廓隐约可见为好。

焊接作业要点如下：

1）右手持电烙铁，左手用尖嘴钳或镊子夹持元件或导线。焊接前，电烙铁要充分预热。烙铁头刃面上要吃锡，即带上一定量焊锡。

2）将烙铁头刃面紧贴在焊点处，电烙铁与水平面大约成60°角，以便于熔化的锡从烙铁头上流到焊点上。烙铁头在焊点处停留的时间控制在2~3s。

3）抬开烙铁头，左手仍持元件不动。待焊点处的锡冷却凝固后，才可松开左手。

4）用镊子转动引线，确认不松动，然后用斜口钳剪去多余的引线。

9. 焊接质量

焊接时要保证每个焊点焊接牢固、接触良好；锡点光亮，圆滑而无毛刺，锡量适中。锡和被焊物融合牢固，不应有虚焊和假焊。虚焊是指焊点处只有少量锡焊住，造成接触不良，时通时断。假焊是指表面上好像焊住了，但实际上并没有焊上，用力一拔，引线就可以从焊点中拔出。这两种情况将给电子制作的调试和检修带来极大的困难。只有经过大量的、认真的焊接实践，才能避免出现这两种情况。焊接电路板时，一定要控制好时间。时间太长，电路板将被烧焦，或造成铜箔脱落。从电路板上拆卸元件时，可将烙铁头贴在焊点上，待焊点上的锡熔化后，将元件拔出。焊接时助焊剂（松香和焊油）是关键，新鲜的松香和无腐蚀性的焊油有助于焊接，而且可以让表面光洁漂亮。

焊接结束后必须检查有无漏焊、虚焊以及由于焊锡流淌造成的元件短路。虚焊较难发现，可用镊子夹住元件引脚轻轻拉动，如发现摇动应立即补焊。

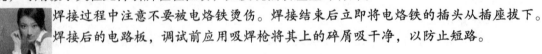

焊接过程中注意不要被电烙铁烫伤。焊接结束后立即将电烙铁的插头从插座拔下。焊接后的电路板，调试前应用吸焊枪将其上的碎屑吸干净，以防止短路。

【技能训练】

■**任务**

分小组进行电钻的装配，每组5~6人，每人独自装配2~3台。

■**分析与实践**

1）整理装配场地。

2）领材料、工具。

3）熟悉零件名称、基本功用和电气接线图。

4）观看电钻装配视频。

5）熟悉装配工艺卡。

6）学生在教师指导下各自独立进行装配作业。

■教师检验、点评与评分

电钻装配质量评分表见表1-2。

表1-2　电钻装配质量评分表

考核内容	考核要求	配　分	得　分
5S工作	符合5S规范	10分	
理论知识	了解零件名称、基本功用和电气接线图，了解电钻结构，了解并分析电钻装配工艺卡，工具准备齐全合理	30分	
实际操作	按装配工艺卡要求作业，作业规范，工具使用正确（在拆装过程中由于不遵守操作规程而损坏电刷者扣10分，卡簧飞出者扣10分）	40分	
产品装配质量检测	产品一次性检验合格	10分	
安全工作	穿戴整齐，劳动保护正确，遵守操作规程，有预防措施	10分	
总　　计		100分	

注：安全不及格，则本次实践成绩评定为不及格。

【课外作业】

一、填空题

1. 零件是组成机器和参加装配的_____，套件是最小的_____。

2. _____是指把各个零、部件组合成一个整体的过程。_____是指按照一定的程序、规格、方法，把机械或器材固定在一定的位置上。

3. 公差分_____公差、_____公差和_____公差。

4. 机器有三大特征：（1）是一种人为的_____；（2）组成整体的各实物单元之间具有确定的_____；（3）可以代替人的劳动，实现能量转换或完成有用的_____。

二、判断题

1. 产品装配后质量上有问题，其零、部件一定不合格。

2. 螺钉旋具的尖部磨损后，可以在砂轮机上修磨，修磨过程中应不断放入水中进行淬火，以保持其硬度。

3. 螺钉旋具可以当作撬棍使用，也可以用铁榔头敲打其尾部。

4. 在旋紧螺钉时，为了防松，要不停地旋紧，直到旋不动为止。

5. 旧的电烙铁使用前应用平锉修整一下，锉去表面氧化物，用后应立即拔下电源插头。

三、选择题

1. 以组件中（　　）且与组件中多数零件有配合关系的零件作为装配基准。

（A）最大　　　　　（B）最小　　　　　（C）精度高　　　　　（D）精度低

2. 总装配是将零件和（　　）结合成一台完整产品的过程。

（A）部件　　　　　（B）分部件　　　　　（C）装配单元　　　　　（D）零件

3. 部件装配和总装配都是由（　　）装配工序组成。

（A）1 个　　　　　（B）2 个　　　　　（C）3 个　　　　　（D）若干个

4. 产品的装配总是从（　　）开始，从零件到部件，从部件到整机。

（A）装配基准　　　（B）装配单元　　　（C）从下到上　　　（D）从外到内

5. 可以单独进行（　　）的部件称为装配单元。

（A）分配　　　　　（B）选配　　　　　（C）装配　　　　　（D）调整

6. 一级分组件是（　　）进入组件装配的部件。

（A）分别　　　　　（B）同时　　　　　（C）直接　　　　　（D）间接

7. 直接进入（　　）总装的部件称为组件。

（A）机器　　　　　（B）设备　　　　　（C）机械　　　　　（D）产品

四、简答题

1. 整理本任务的主要知识点、技能点。

2. 什么是装配、部件装配和总装配？

3. 装配时应考虑哪些因素？

4. 举例说明装配的重要性。

【阅读材料】

电动工具发展简史

卢云峰（嘉禾工具有限公司）

电动工具是一种以小容量电动机或电磁铁为动力，通过传动机构来驱动工作头进行作业的手持式或携带式机械工具。

1895 年德国发明了世界上第一台电动工具，它是一台外壳用铸铁制成，以直流电动机为动力的电钻，整机重达 7.5kg，在金属材料上钻削最大孔径仅为 4mm。

1914 年出现了单相串励电动工具，使电钻的体积和重量得到有效的降低，而转速却大为提高。

1927 年出现了 150～200Hz 中频电源电动工具。它结构简单、可靠，但其使用受到当时电力供应、日常使用频率等因素的制约。在 20 世纪 60 年代，随着生产技术的发展，出现了镍镉电池供电的电池动力工具，但由于其价格昂贵，进展缓慢。当时美国研制了以太阳能电池作动力的岩石电钻。在 1969 年人类第一次登上月球时，利用电动工具获取了月球的岩石样品。

20 世纪 70 年代中期，随着电池价格下降、充电时间缩短，可充电电动工具被广泛地使用。电动工具的铁壳被铝合金外壳替代。

在 20 世纪 60 年代，热塑性工程塑料被应用于电动工具，并实现了双重绝缘。由于电子技术的发展，在 20 世纪 60 年代还出现了电子管电动工具。这种电动工具用晶闸管电子电路元件等，使开关按钮能调整不同转速，可以根据不同的条件（如材料、钻孔直径等），选择不同的速度。

电动工具可分为金属切削工具、电动磨具、电动装配工具、铁路电动工具等类型。常见的有电钻、磨光机、电动扳手、电动螺丝刀、电锤、冲击电钻、混凝土振动器和电刨等品种，如图 1-57 所示。

我国第一台电动工具于 1942 年诞生于上海大威电机厂，仿英国狼牌电钻制造了 6mm、13mm 的电钻，开创了我国生产电动工具的历史。1954 年该厂成为我国第一家专业电动工具制造厂。从 1974 年开始我国进行了单相串励电动工具联合设计，经过两年多的努力，试制成了双重绝缘单相串励电钻、角向磨光机、手持式直向砂轮机 3 个系列以及双重绝缘单相串励模具电磨、曲线锯等 20 个品种规格的产品。1976 年开始筹建国家级科研试验基地"中国电动工具检测中心"，"中国电工产品认证委员会电动工具认证站"于 1985 年通过验收，从此我国按照国际标准、国家标准和专业标准，对国内外各类电动工具的功能参数、安全、噪声、无线电干扰等各种参数进行全面的鉴定试验，形式认可，安全认证。

图 1-57　各种电动工具

1980—1985 年，电动工具制造业持续高速发展，5 年后进入了平稳发展阶段。

1987 年后，许多国外知名品牌的电动工具纷纷抢滩中国，并在我国建立生产工具基地。我国电动工具产品在品种、规格、产量、质量上都有较大的发展，但与发达工业国家相比仍然存在着品种少、产品外观差、噪声大、单位重量输出功率低、有电磁干扰、使用寿命短等问题。

国外 20 世纪 70 年代以来大力发展家用电动工具，积极发展电子调速和控速电动工具，研究开发无电源线的电池式电动工具。如日本电池式电动工具已占电动工具年产量的 1/10，有电钻、螺丝刀、砂轮机、电锤等 10 多个品种，这是电动工具的发展趋势。

在提高电动工具单位重量输出功率上，采用深槽定子结构，提高绝缘结构的耐热等级等措施。此外还需降低噪声、振动，抑制对无线电和电视的干扰，提高可靠性和使用寿命。

标准是衡量产品质量的准绳，是产品认证的重要依据。电动工具的标准应采用国际标准和国外的先进标准，使我国的产品质量更上一个台阶。

任务 1.2　角向磨光机流水线装配

【实训器材】

角向磨光机（或曲线锯等其他电动工具）全套散件。

装配流水线、电动工具老化检测线、高压仪。

装配工具。

装配夹具。

【基础知识】

1. 角向磨光机零件名称

角向磨光机的零件名称如图 1-58 所示。

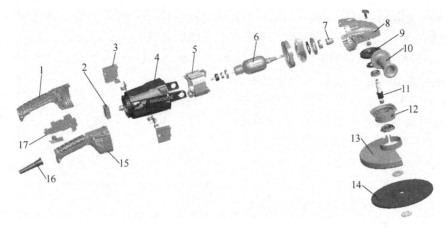

图 1-58　角向磨光机分解图

1—左手柄　2—轴承座　3—电刷架　4—机壳　5—定子　6—转子　7—小齿轮　8—头壳　9—大齿轮
10—副手柄　11—输出轴　12—前盖　13—保护罩　14—砂轮片　15—右手柄　16—电源线　17—开关

1. 角向磨光机的传动齿轮与电钻的传动齿轮有何不同？
2. 角向磨光机和直向磨光机有何不同？

2. 软起动

电压由零慢慢提升到额定值，这样电动机在起动过程中的电流就由不可控（冲击电流）变为可控，并且可根据需要调节其大小。电动机起动的全过程都不存在冲击转矩，而是平滑地起动运行。这就是电动机的软起动。图 1-59 是一种电动工具上的软起动模块。

图 1-59　软起动模块

软起动装置不但能更好地保护机器，而且更显人性化。请举几个类似的例子。

3. 装配的基本方法

（1）完全互换法　各配合零件不经修理就进行装配即可达到装配精度的装配方法称为完全互换法。

完全互换法的特点如下：

1）装配操作简便，生产率高。

2）容易确定装配时间，便于组织流水装配线。

3）零件磨损或损坏后，便于更换。

4）零件加工精度要求高，制造费用增加，因此适用于组成件数少，产品精度要求不高或大批量生产的情况。

（2）分组装配法　在批量生产中，将产品各配合副的零件按实测尺寸分组，装配时按组进行互换装配以达到提高装配精度的方法，称为分组装配法。这种装配方法的配合精度取决于分组数，增加分组数可以提高装配精度。

分组装配法的特点如下：

1）按实测尺寸分组后，零件的配合精度高。

2）因零件制造公差可以适当增大，所以加工成本降低。

3）增加了对零件测量分组工作，需要加强对零件的储运管理，还会造成半成品和零件的积压。

请思考以下问题：

1）配合副的配合精度的含义是什么？

设有相互结合的一批（N 个）孔零件和一批（N 个）轴零件。随机测量每个孔零件，其内径分别记为 D_1，D_2，$\cdots$，D_N；随机测量每个轴零件，其外径分别记为 d_1，d_2，$\cdots$，d_N。记 $\Delta_1 = D_1 - d_1$，$\Delta_2 = D_2 - d_2$，$\cdots$，$\Delta_N = D_N - d_N$，记孔、轴的配合精度为 T，那么有

$$T = \Delta_{\max} - \Delta_{\min}$$

可见，配合副的配合精度是指配合副尺寸差的变动范围。

2）采用分组装配法如何分组？

设有相互配合的一批孔零件和一批轴零件，孔零件的内径及其公差为 $\phi 20^{+0.03}_{-0.03}$ mm，轴零件的外径及其公差为 $\phi 20^{+0.01}_{-0.02}$ mm。可采用的分组方法之一见表1-3。

表1-3 分 组 方 法　　　　　　　　　　　　（单位：mm）

分组前		分组后					
孔	轴	孔			轴		
		第Ⅰ组	第Ⅱ组	第Ⅲ组	第Ⅰ组	第Ⅱ组	第Ⅲ组
$\phi 20^{+0.03}_{-0.03}$	$\phi 20^{+0.01}_{-0.02}$	$\phi 20^{+0.03}_{+0.01}$	$\phi 20^{+0.01}_{-0.01}$	$\phi 20^{-0.01}_{-0.03}$	$\phi 20^{+0.01}_{0}$	$\phi 20^{0}_{-0.01}$	$\phi 20^{-0.01}_{-0.02}$

该方法是将孔零件按其内孔尺寸分成3组，将轴零件按其外圆尺寸分成3组。分组装配就是将第Ⅰ组孔零件与第Ⅰ组轴零件装配在一起，将第Ⅱ组孔零件与第Ⅱ组轴零件装配在一起，将第Ⅲ组孔零件与第Ⅲ组轴零件装配在一起。

3）采用分组装配法如何提高配合副的配合精度？

由表1-3可知，采用分组装配法装配后，配合副之间尺寸差的变化范围减小，即配合副的配合精度提高。

（3）修配装配法　在装配时修去指定零件上预留修配量以达到装配精度的装配方法称为修配装配法。如车床主轴中心线要求与尾座中心线等高，一般采用修配装配法，如图1-60所示。

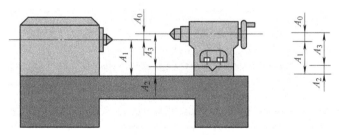

图1-60 修配装配法

修配装配法的特点如下：

1）零件的加工精度要求降低。

2）不需要高精度的加工设备，节省机械加工时间。

3）装配工作复杂化，装配技术要求提高，装配时间增加，适于单件、小批量生产。

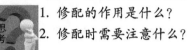

1. 修配的作用是什么？

2. 修配时需要注意什么？

（4）调整装配法

在装配时用改变产品中可调整的零件的相对位置，或选用合适的调整零件以达到装配精度的方法称为调整装配法。如采用可换垫片、衬套、可调节螺母或螺钉、镶条来调整配合间隙，如图 1-61 所示。

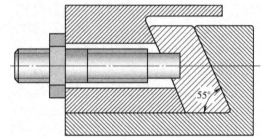

图 1-61　平镶条或斜镶条调整侧面间隙

调整装配法的特点如下：

1）装配时，零件不需要任何修配加工，只靠调整就能达到装配精度。

2）可以定期进行调整，调整后容易恢复配合精度，对于由于磨损而需要定期调整配合间隙的结构尤为有利。

3）调整法易使配合件的刚度受到影响，有时会影响配合件的位置精度和寿命，所以要认真仔细地调整，调整后，固定要坚实、牢靠。

4. 装配前的准备工作

1）应当熟悉机械各零件的相互连接关系及装配技术要求。

2）确定适当的装配工作地点，准备好必要的设备、仪器仪表、工具和装配时所需的辅助材料如纸垫、毛毡、钢丝、垫圈、开口销等。

3）零件装配前必须进行清洗。对于经过钻孔、铰削、镗销等切削加工的零件，必须把金属屑末清除干净。

4）零、部件装配前应进行检查、鉴定，凡不符合技术要求的零、部件不能装配。

5. 装配的一般工艺要求

1）装配时应注意装配方法与顺序，注意采用合适的工具及设备，遇到有装配困难的情况，应分析原因，排除障碍，禁止乱敲猛打、强制装配。

2）过盈配合件装配时，应先涂润滑脂，以利装配和减少配合表面的磨损或刮伤。

3）装配时，应核对零件的各种安装记号，防止装错。

4）对某些装配技术要求，如装配间隙、过盈量（紧度）、灵活度、啮合印痕等，应边安装边检查，并随时进行调整，避免装后返工。

5）旋转的零件，检修后由于金属组织密度不均、加工误差、本身形状不对称等原因，可能使零、部件的重心与旋转中心发生偏移。在高速旋转时，会因重心偏移而产生很大的离心力，引起机械振动，加速零件磨损，严重时还可能损坏机械。所以在装配前，应对旋转零件按要求进行静平衡或动平衡试验，合格后方可装配。

6）对运动零件的摩擦面，均应涂以润滑剂，一般采用与运转时相同的润滑剂。润滑剂的容器须清洁加盖，防止沙尘进入，容器应定期清洗。

7）所有附设的锁紧制动装置，如开口销、弹簧垫圈、保险垫片、制动钢丝等，必须按要求配齐，不得遗漏。垫圈安放数量不得超过规定。开口销、保险垫片及制动钢丝不准重复使用。

8）为了保证密封性，安装各种衬垫时，允许涂抹润滑油。

9）所有皮质的油封，在装配前应浸入60℃的润滑油与煤油各半的混合液中5～8min，安装时可在铁壳外围或座圈内涂以新白漆。

10）装定位销时，不准用铁器强制打入。应在完全适当的配合下，轻轻打入。

11）每一部件装配完毕，必须仔细检查和清理，防止有遗漏和未装的零件，防止将工具、多余零件密封在箱壳之中造成事故。

讨论　铜的硬度比钢的硬度小，所以用铜棒（一般是黄铜棒）敲打工件时，工件所受的瞬间冲击小，不容易变形，而使用钢件敲打钢件，容易使工件变形，造成装配不合格。如果没有黄铜棒，该怎么办？

6. 工艺

工艺是将原材料或半成品加工成产品的方法、技术等。方法是指为达到某种目的而采取的途径、步骤、手段等；技术是在劳动生产方面的经验、知识和技巧，也泛指其他操作方面的技巧。

具体地说，工艺是劳动者利用生产工具对各种原材料、半成品进行加工和处理，改变它们的几何形状、外形尺寸、表面状态、内部组织、物理和化学性能以及相互关系，最后使之成为预期产品的方法及过程。

一般来说，工艺要求采用合理的手段、较低的成本完成产品制作，成本包括加工时间、人数、工装设备投入、材料损耗等方面，同时必须达到设计规定的性能、质量。

工艺文件是指导产品加工和工人操作的技术文件，包括工艺规程、检验规程、主要材料一览表、外购外协一览表、劳动定额表及消耗定额表等。工艺规程是一个总称，是反映工艺过程的文件，其主要形式有工艺过程卡、工艺卡和工序卡等。

工艺过程卡（工艺路线卡）按产品的每个零件编制，具体规定这一零件在整个加工过程中所要经过的路线，列出这种零件经过的车间、小组、各道工序的名称，使用的设备和工艺装备等。它是编制其他工艺规程、进行车间分工以及生产调度的重要依据。

工艺卡按零件的每一个工艺阶段编制。它规定加工对象在制造过程中一个工艺阶段内所要经过的各道工序以及各道工序所用的设备、工艺装备、切削用量、工时定额和所用材料的材质规格等。工艺卡主要用于指导车间的生产活动。表1-4是一种电钻的装配工艺卡。

表1-4　电钻装配工艺卡

装配工艺卡		产品型号	J1Z-KW02-13A	零部件图号	
		产品名称	电钻	零部件名称	
工序号	7	工序名称	头壳组装		
附图					
工步号	工步内容		工艺装备	辅助材料	工时定额
1	清理头壳轴承室				
2	用夹具压入203轴承到位		轴承压装模		
3	装凹形垫圈，再用卡簧钳装入内卡簧		内卡簧钳		

工序卡（操作卡，工艺流程 process flow）按零件的每道工序编制。它规定每道工序的操作方法和要求，对工人的操作进行具体指导，以保证加工的产品达到预定要求。工序卡适用于大量生产的全部零件和成批生产的重要零件。在单件小批生产中，一些特别重要的工序也需要编制工序卡。

工艺和图样有何不同？

7. 装配工序的划分

通常将整台机器或部件的装配工作分成装配工序和装配工步。由一个工人或一组工人在不更换设备或地点的情况下完成的装配工作，叫装配工序。用同一工具，不改变工作方法，并在固定的位置上连续完成的装配工作，叫装配工步。在一个装配工序中包括一个或几个装配工步。部件装配和总装配都由若干装配工序组成。

（1）划分装配工序的一般原则

1）确定工序集中与分散的程度。

2）前面工序不应妨碍后面工序的进行。

3）后面工序不能损坏前面工序的装配质量。

4）减少装配过程中的运输、翻身、转位等工作量。

5）减少安全防护工作量及所用设备。

6）电线、气管、油管等管线的安装根据实际情况安排在合适工序中。

7）及时安排检验工序，对产品质量影响较大的工序完成后必须经检验合格后方可进行后面的装配工序。

（2）装配工序的内容

1）确定各工序所需的设备和工具，必要时拟定专用装备的设计任务书。

2）制定各工序操作规范，如清洗工序的清洗液、清洗温度及时间，过盈配合的压入力，变温装配的加热温度，紧固螺栓、螺母的拧紧力矩和旋紧顺序，装配环境要求等。

3）制定各工序装配质量要求、检测项目和方法。

4）确定各工序工时定额，并平衡各工序的生产节拍。

8. 装配工艺规程

装配工艺规程是规定产品或零、部件装配工艺过程和操作方法等的工艺文件。执行工艺规程能使生产有条理地进行，能合理使用劳动力和工艺设备，能降低成本，能提高劳动生产率。

为了便于组织装配流水线，使装配工作有秩序地进行，装配时，将产品分解成若干独立装配的组件或分组件。编制装配工艺规程时，为了便于分析研究，要将产品划分为若干个装配单元。所谓装配单元是指装配中可以进行独立装配的零件、套件、组件和部件。CA6140车床总装配单元系统图如图1-62所示。

最先进入装配的零件称为装配基准件。它可以是一个零件，也可以是最低一级的装配单元，多为机座或床身导轨。

在确定了装配基准件、划分了装配单元、制定了装配步骤后，就可绘制装配工艺系统图。

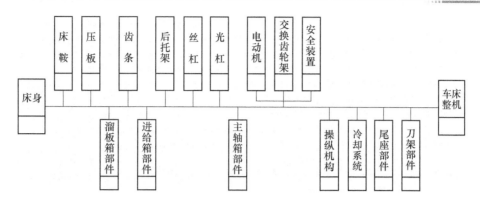

图1-62 CA6140车床总装配单元系统图

9. 装配流水线

装配流水线是人和机器的有效组合。它将输送系统、随行夹具和在线专机、检测设备等进行合理配置，以满足产品的装配要求，如图1-63所示。装配流水线的传输方式有同步传输（强制式）和非同步传输（柔性式），根据配置的选择，实现手工装配或半自动装配。装配流水线在企业的批量生产中不可或缺。

图1-63 装配流水线

10. 电动工具老化检测线

电动工具老化检测线（图1-64）可对40～150台电动工具同时进行60min以内老化试验。老化区有隔音装置隔去噪声，并有通风装置排出热量。

11. 高压测试仪

高压测试仪用于对各种电器产品、电气元件、绝缘材料等进行规定电压下的绝缘强度试验，以考核产品的绝缘水平，发现被试品的绝缘缺陷，衡量产品过电压能力，如图1-65所示。

图1-64 电动工具老化检测线

图1-65 高压测试仪

思考

在采用高压测试仪测量过程中，操作者如何做好安全防护？

【拓展知识】

1. 工艺装备

工艺装备简称工装，是制造加工产品所必需的各种刀具、量具、模具、夹具和辅助工具的总称。工艺装备对保证产品质量、提高劳动生产率、改善劳动条件及贯彻工艺规程都有重要作用。

1. 角向磨光机头壳中，两个不同方向的孔的中心线有何要求？

2. 在角向磨光机的头壳中压装轴承时需要怎样的夹具？

2. 单一品种流水线的设计

流水线设计包括组织设计和技术设计两个方面。前者是指工艺规程制定、专业设备设计、设备改装设计、专用工夹具设计和运输、传送装置设计等，这是流水线的"硬件"设计。后者是指流水线节拍的确定、设备需要量和负荷系数计算、工艺同期化、人员配备、生产对象传送方式设计、流水线平面布置、流水线工作制度和标准计划图表制定等，是流水线的"软件"设计。

（1）确定流水线的节拍　节拍是指流水线上连续生产两个相同制品的间隔时间。节拍 R 的计算式为

$$R = \frac{F_e}{Q} \tag{1-1}$$

式中　F_e——计划期内有效时间总和；

Q——计划期的产品产量（包括计划产量和预计废品量）。

例 1：某企业生产计划中齿轮的日生产量为 40 件，每日工作 8 小时，时间利用系数 K 为 0.96，废品率为 2%，试求该齿轮生产的平均节拍。

解：$F_e = F_0 K = 8 \times 0.96\text{h} = 7.68\text{h}$

$Q_日 = 40 \times (1 - 2\%)\text{件} = 40 \times 0.98\text{件} = 40.8\text{件}$

$R = F_e / Q_日 = (7.68/40.8)\text{h/件} = 0.19\text{h/件} = 11.3\text{min/件}$，取 11min/件

（2）进行工序同期化，计算工作地（设备）需要量和负荷　流水线节拍确定后，要根据节拍来调节工艺过程，使各道工序的时间与流水线的节拍相等或成倍数关系，这个工作称为工序同期化。

工序同期化措施主要有：

1）提高设备的生产率。

2）改进工艺装备。

3）改进工作地布置与操作方法，减少辅助作业时间。

4）提高工人的技术熟练程度和工作效率。

5）详细地进行工序的合并与分解。

装配工序同期化计算表见表 1-5。

（3）计算工人需要量，合理配备人员

1）以手工劳动和使用手工工具为主的流水线的人员需要量

$$P_i = S_{e_i} G W_i \tag{1-2}$$

$$P = \sum_{i=1}^{m} P_i \tag{1-3}$$

式中 S_{e_i}——设备数；

     G——日工作班；

     W_i——第 i 道工序、在第 i 台设备上同时工作的人数；

     P_i——第 i 道工序的工作人数；

     m——工序数。

表 1-5 装配工序同期化计算表

原工序号	1			2	3		4		5	6	7	
工序时间/min	7			3.4	5.8		7.2		2	3.7	5.9	
工步号	1	2	3	4	5	6	7	8	9	10	11	12
工步时间/min	2.1	3.2	1.7	3.4	1.9	3.9	4	3.2	2	3.7	2.3	3.6
工作地数/个	2			1	1		2		1	1	1	
同期化程度	0.67			0.65	1.1		0.69		0.38	0.71	1.13	
流水线节拍	5.2(min/件)											
新工序号	1		2		3			4		5		
新工序时间/min	5.3		5.1		9.8			5.2		9.6		
工作地数/个	1		1		2			1		2		
同期化程度	1.02		0.98		0.94			1		0.92		
新合并的工步	1、2		3、4		5、6、7			8、9		10、11、12		

2）以设备加工为主的流水线的人员需要量

$$P = (1 + b) \sum_{i=1}^{m} \frac{S_i G}{f_i} \tag{1-4}$$

式中 f_i——第 i 道工序每个工人的设备重复定额；

     b——考虑缺勤等因素的后备工人百分比。

（4）流水生产线节拍的性质和运输工具的选择   流水生产采用什么样的节拍，主要根据工序同期化的程度和加工对象的重量、体积、精度和工艺性等特征。当工序同期化程度高、工艺性好以及制品的重量、精度和其他技术条件要求严格地按节拍出制品时，应采用强制节拍，否则就采用自由节拍。

在强制节拍流水生产线上，为保证严格的出产速度，一般采用机械化的传送带作为运输工具。在自由节拍流水生产线上，由于工序同期化水平和连续性较低，一般采用连续式运输带、滚道或其他运输工具。

在采用机械化传送带时，需要计算传送带的速度和长度。

传送带的速度可由下式求得

$$v = L/R \tag{1-5}$$

式中 v——传送带的速度（m/min）；

     L——产品间隔长度（m）；

     R——节拍（min）。

传送带的长度 L 可由下式求得

$$L = \sum_{i=1}^{m} L_i + L_g \tag{1-6}$$

式中 L_i——第 i 道工序工作地间隔长度；

　　 m——工序数目；

　　 L_g——技术长度。

（5）流水线的平面布置　流水线的平面布置应当有利于工人操作，使制品运送路线最短，流水线各环节互相衔接流畅和充分利用生产面积。这些要求同流水线的形状、工作地的排列方式等有密切的关系。

流水线的形状一般有直线形、直角形、U 形、山字形、环形、S 形等，如图 1-66 所示。每种形状的流水线在工作地（设备）的布置上，又有单列与双列之分。

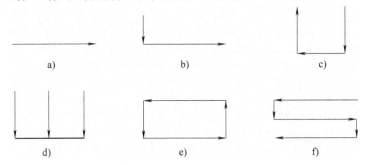

图 1-66　流水线的形状
a）直线形　b）直角形　c）U 形　d）山字形　e）环形　f）S 形

【技能训练】

■任务

根据班级人数分批（每批 16 ~ 20 人）进行角向磨光机流水线装配，每批装配角向磨光机 20 ~ 30 台。

■分析与实践

1）整理场地、熟悉装配流水线。

2）领材料。

3）熟悉零件名称、基本功用和电路接线图。

4）观看角向磨光机装配视频。

5）熟悉角向磨光机流水线装配工艺卡。

6）在教师指导下进行角向磨光机流水线装配及老化（包括用高压仪打高压）试验。

■教师检验、点评和评分

角向磨光机流水线装配质量评分表见表 1-6。

表 1-6　角向磨光机流水线装配质量评分表

考核内容	考核要求	配　分	得　分
5S 工作	符合 5S 规范	10 分	
理论知识	了解零件名称、基本功用和电路接线图，了解角向磨光机结构，了解流水线、老化线、高压仪的性能，了解角向磨光机流水线装配工艺卡，熟悉岗位操作要求，熟悉岗位的工具和夹具。了解并分析装配基准件和装配单元	30 分	

（续）

考核内容	考核要求	配　分	得　分
实际操作	能确定装配基准件，划分装配单元。岗位分工合理，按工艺卡要求作业，作业规范。工具、夹具使用正确。相互协作好	40分	
装配产品质量检测	老化检测线老化检验、打高压检验产品一次性合格率在80%以上	10分	
安全工作	穿戴整齐，劳动保护正确，遵守操作规程，有预防措施	10分	
总　　计		100分	

注：安全不及格，则本次实践成绩评定为不及格。

【课外作业】

一、填空题

1. 装配的基本方法有_____、_____、_____和_____。

2. 工艺是将原材料或半成品加工成产品的_____、_____等。

3. 工艺规程是反映工艺过程的文件的总称，其主要形式有：_____、_____、_____等。

4. 通常将整台机器或部件的装配工作分成_____和_____。由一个工人或一组工人在不更换设备或地点的情况下完成的装配工作，叫作_____。用同一工具，不改变工作方法，并在固定的位置上连续完成的装配工作，叫作_____。

5. _____是指流水线上连续生产两个相同制品的间隔时间。

二、判断题

1. 采用哪一种基本方法进行装配主要取决于零件的配合精度。

2. 为了保证密封性，安装各种衬垫时，允许涂抹润滑油。

3. 工人进行具体操作时，应依据工序卡片。

4. 确定装配工序时，总是简单的工序安排在前面、复杂的工序安排在后面。

5. 装配基准件是指最先进入装配的零件或部件。它可以是一个零件，也可以是最低一级的装配单元，多为机座或床身导轨。

三、选择题

1. 以组件中最大且与组件中多数零件有配合关系的零件作为（　　　）。

（A）测量基准　　　（B）装配基准　　　（C）装配单元　　　（D）分组件

2. 总装配是将零件和（　　　）结合成一台完整产品的过程。

（A）部件　　　　　（B）分组件　　　　（C）装配单元　　　（D）零件

3. 关于装配工艺规程，下列说法错误的是（　　　）。

（A）是组织生产的重要依据　　　　　（B）规定产品装配顺序

（C）规定装配技术要求　　　　　　　（D）是装配工作的参考依据

4. 制定装配工艺规程所需原始资料，下列说法正确的是（　　　）。

（A）与产品生产规模无关　　　　　　（B）和现有工艺装备无关

（C）不需要产品验收技术条件　　　　（D）产品总装图

5. 制定装配工艺规程的最后一个步骤是（　　　）。

（A）确定装配组织形式 　　　　　　（B）划分装配工序

（C）制定装配工艺卡 　　　　　　　（D）产品总改装图

6. 产品的装配总是从（　　　）开始，从零件到部件，从部件到整机。

（A）装配基准　　（B）装配单元　　（C）从上到下　　（D）从外到内

四、简答题

1. 整理本任务的主要知识点、技能点。

2. 在机器中零、部件的功能各不相同，请举几个例子予以说明。

3. 制定装配顺序的原则是什么？

4. 曲线锯是如何将电动机的圆周运动转化成锯条的直线往复运动的？

【阅读材料】

电动工具装配技术的改进

杨绍荣（金华职业技术学院）

我国是电动工具生产大国，生产量和出口量均居全球第一。但在质量上与日本、德国等国知名企业生产的产品相比还有较大差距。影响产品质量的因素是多方面的，其中装配质量是直接影响产品整机质量的重要因素之一。

在生产实践中，按照规定技术要求（装配工艺规程），把若干零件结合成部件或者把若干零件和部件结合成产品的过程，称为装配。

1. 产品装配工艺过程的组成

（1）装配前的准备

1）研究和熟悉产品装配图及技术要求，掌握产品的结构、零件的作用及相互的连接关系。

2）确定装配方法、顺序，准备所需工具。

3）对装配零件进行清理和清洗，除掉零件上的毛刺、锈蚀、切屑、油污及其他脏物。

4）对有些零、部件需进行刮削等修配工作；对有些零、部件需进行动平衡；对有些密封零件需进行水压试验等。

（2）装配工作　这是整个装配工艺过程的中心环节。当产品比较复杂时，装配常被分为若干个装配单元，然后进行部件装配和总装配。在电动工具装配中，一般按专门制定的产品装配工艺过程卡进行装配。

（3）调整、精度检验和试机　在电动工具装配中包括检验、测试、调整、维修等。

（4）涂装、涂油和装箱　其中涂油是防止工件表面及零件已加工表面生锈。

电动工具生产批量大、要求高、时间紧，其装配有以下特点：

1）多采用气动或电动螺丝刀。

2）多采用手动、气动或液压压床（压机）。

3）粉末冶金件、铝压铸件、锌压铸件较多。

4）齿轮、轴承、钢套、轴等有配合要求的零件较多。

2. 改进电动工具装配的技术思路与实例

思路1：改进装配工艺

改进装配工艺，可以从增加（拆分）工序，减少（合并）工序，调整工序的次序，改变工序的内容或方法等方面入手。

例1：在装配冲击电钻时，原来的工艺是冲击钮放在冲击档上。这样，在装电动机转子时，为了使转子上的齿轮轴（小齿轮）与输出轴上的大齿轮啮合，必须将输出轴从轴承上移动一定距离，影响了装配速度。改进后的工艺是将冲击钮放在钻孔档上，这样就无需将输出轴从轴承上移动，提高了装配速度。

思路2：改进装配工具

从市场上直接采购的装配工具有时需要改进，甚至需要自行设计制造。

例2：卡簧钳的钳脚很容易磨损，磨损后用其取卡簧时，卡簧很容易从卡簧钳的钳脚滑出，影响取卡簧的速度。将卡簧钳的钳脚在工具磨上磨成外八字，这样就不易打滑。

例3：在装配某种电动工具时，需要装一种弹力较大的弹簧。用螺钉旋具、尖嘴钳或钢丝钳装弹簧时，效率低，会损坏弹簧，还很容易使工人受伤。经过努力，设计制造了专门安装这种弹簧的弹簧钳，并申请了专利（专利号：ZL2009200060469）。

思路3：改进装配工装

例4：在装配角向磨光机时，有时需要将转子从减速器中拔出。为此设计制作了一个工装，一头用来固定转子，一头用来固定减速器箱体，通过丝杠使两者移动而将转子与减速器拆开。这样，既保护了工件，又提高了效率。

例5：在装配某种电动工具时，需要将小齿轮装入电动机轴。由于小齿轮内孔与电动机轴的配合是紧配合，且空间狭小，操作很不方便，直接敲打又会损坏工件。为此，设计制造了一个曲轴形状的工装，很好地解决了小齿轮与电动机轴的装配。

思路4：改进装配机器

例6：在用压机进行压装作业时，有些作业者习惯于一只手放在按钮上，准备随时起动机器，另一只手仍在工作台面上调整工件或试件，这样很容易发生事故。如果在压机上安装双手控制按钮，这样作业时必须将双手同时离开台面后才能起动，保证了安全。

思路5：选择某些零、部件的不同结构

例7：为了适应装配的需要，齿轮和轴的配合可根据情况选用过盈配合、加半圆键、螺纹、花键、带切口的圆、带两平行切口的圆、加防松帽等方式。

思路6：选择不同的螺纹防松方法

例8：为了防止螺纹松动，可根据不同情况采用加卡簧、加防松帽、加止动垫圈、打螺纹胶等方式。

思路7：在装配过盈配合时采用温差法

例9：在装配与轴过盈配合的轴承、齿轮、套等时，可将其加热到一定的温度（一般滚动轴承加热温度约为110℃，不能超过125℃），这样其与轴之间就有一定的温差（如比轴的温度高80～90℃），于是不但容易装配，还可以有效防止由于用力敲打引起的变形。

质量是企业的生命。对一般的中小企业来说，企业的核心竞争力就是稳中有升的产品质量。要做到这一点，离不开对装配技术的重视，离不开对装配技术的不断改进和持续提高。对于电动工具企业来说，只要持续坚持对电动工具装配技术的探索，必将能不断提高装配效率和装配质量，提升我国电动工具品质。

项目 **2**

典型机构装配

【教学目标】

认识典型机构；掌握典型机构的装配方法；掌握典型机构的调试；掌握典型机构部分零件、装配夹具的手工制作。

促成目标：

1）能清洗零件。

2）能进行螺纹联接的装配。

3）能掌握常用的螺纹联接防松方法。

4）能计算螺纹联接的预紧力。

5）能攻螺纹、套螺纹。

6）能掌握基本的钳工技能。

7）能装配键。

8）能装配圆柱销、圆锥销。

9）能装配带传动、链传动机构。

【工作任务】

清洗槽制作。

汽油机（零件）清洗。

轴套零件的螺纹联接。

轴套零件的键装配、销装配。

二档变速机构装配。

带传动机构装配，链传动机构装配。

任务 2.1 零件清洗

【实训器材】

汽油锯、汽油机（零件）或其他机构。

工作台。

清洗设备、清洗液、清洗槽。

油石、砂纸等。

【基础知识】

1. 振动光饰

机械零件加工后一般需要进行去毛刺、倒角、去氧化皮、去铁锈、抛光等表面处理，振动光饰是一种高效表面处理方法，使工件表面与磨料之间进行强烈振动，达到表面处理的目的。

振动光饰能提高零件的几何精度吗？

2. 砂带磨削

砂带磨削属于弹性磨削，是一种具有磨削、研磨、抛光等多种作用的复合加工工艺。砂带磨削有"冷态磨削"之称，磨削温度低，工件表面不易出现烧伤等现象。砂带磨削系统振动小，稳定性好，磨削速度稳定，砂带驱动轮不会像砂轮一样越磨直径越小，线速度越低。砂带磨削精度高、工件表面质量高、磨削成本低。

3. 清洗

清洗是借助清洗设备或工具将清洗液作用于工件表面，用合适的清洗方法去除工件表面黏附的油脂污垢，使工件内外表面清洁度都达到要求的过程。

讨论　1. "清水出芙蓉，天然去雕饰"和清洗有何异同？

2. 结合浙江省人民政府推出的五水共治（治污水、防洪水、排涝水、保供水、抓节水）方针，谈谈实训过程中清洗后产生的污水的处理措施。

4. 油石、砂纸

清洗后零件表面残留的毛刺或铁锈可以用油石或砂纸去除。

油石（图2-1）是用磨料和结合剂等制成的条状固结磨具。油石在使用时通常要加油润滑，故名。油石一般用于手工修磨刀具和零件，也可装夹在机床上进行珩磨或超精加工。

砂纸（图2-2），俗称砂皮，是一种在原纸上黏附各种研磨砂粒而成的制品，用以研磨金属、木材等表面，以使其光洁平滑。

图2-1　油石

图2-2　砂纸

5. 清洗液的选择原则

1）清洗液的性能指标、去污力应符合工件材质和污垢的类型，符合对工件清洁度的具体要求。

2）清洗液与清洗方法及清洗设备一致，如喷洗时宜用低泡清洗液和非有机溶剂清洗液，电解清洗时用碱液或水基金属清洗液。

3）清洗液与工艺要求、现有条件相适应，符合缓蚀、节能、机械化清洗等要求。

4）清洗液与生产节拍相适应，与前后工序相适应。

5）清洗液符合劳动保护条件要求，充分考虑中毒危害、易燃易爆的可能性，采取可靠的防护措施。

6）清洗液符合环境保护要求。清洗过程中产生的废水、废气经处理能达到规定的排放标准，且不会对大气臭氧层有破坏作用。

7）清洗液的各组分来源充沛，配制方便，成本低廉。

6. 清洗液

清洗液可分为有机溶剂、碱性溶液、化学清洗液等几种。

（1）有机溶剂　有机溶剂常见的有煤油、轻柴油、汽油、丙酮和酒精等。有机溶剂除油以溶解污物为基础，对金属无损伤，可溶解各类油脂，不需加热，使用简便，清洗效果好。但有机溶剂多为易燃物，成本高，主要适用于规模小的单位和分散的维修工作。

（2）碱性溶液　碱性溶液是碱或碱性盐的水溶液。利用碱性溶液和零件表面上的可皂化油起化学反应，生成易溶于水的肥皂和不易附在零件表面的甘油，然后用热水冲洗。对不可皂化油和不容易去掉的可皂化油，应在清洗溶液中加入乳化剂，使油垢乳化后与零件表面分开。常用的乳化剂有肥皂、水玻璃（硅酸钠）、骨胶、树胶等。清洗不同材料的零件应采用不同的清洗溶液，碱性溶液对于金属有不同程度的腐蚀作用，尤其是对铝的腐蚀较强。用碱性溶液清洗时，一般需将溶液加热到 $80 \sim 90℃$。除油后用热水冲洗，去掉表面残留碱液，防止零件被腐蚀。碱性溶液应用最广。

（3）化学清洗液　化学清洗液是一种化学合成水基金属清洗剂，以表面活性剂为主，其表面活性物质降低界面张力而产生湿润、渗透、乳化、分散等多种作用。化学清洗液有很强的去污能力，无毒、无腐蚀、不燃烧、不爆炸、无公害、有一定防锈能力、成本低，目前已逐步替代其他清洗液。

1. 洗手液是一种怎样的清洗液？

2. 如何用洗洁膏洗手？

讨论

7. 清洗方法

（1）手工清洗　手工清洗即擦洗，将零件放入装有柴油、煤油或其他清洗液的容器中，用棉纱擦洗或用毛刷刷洗。操作简便，设备简单，但效率低，多用于单件小批生产的中小型零件。一般情况下不宜用汽油，这是因为汽油侵蚀力非常强，会渗入操作者皮肤深处，破坏皮肤角质层，造成皮肤粗糙开裂。另外，汽油含有铅化合物，长时间接触会造成慢性铅中毒。

（2）煮洗　将配制好的清洗液和被清洗的零件一起放入用钢板焊接成的清洗池中。在池的下部设有加温用的炉灶，将零件加热到一定温度煮洗。

（3）浸洗　将被清洗的零件浸入清洗液清除金属表面污垢。

（4）喷洗　将具有一定压力和温度的清洗液喷射到零件表面，以清除油污。此方法清洗效果好，生产率高，但设备复杂，仅适于形状不太复杂、表面有严重油垢的零件清洗。

（5）高压清洗　采用高压水流冲洗零件表面，将污垢剥离、冲走，达到清洗零件表面的目的。

（6）振动清洗 将被清洗的零件放在振动清洗机的清洗篮或清洗架上，浸没在清洗液中，通过清洗机产生振动来模拟人工漂刷动作，并与清洗液的化学作用相配合，达到去除油污的目的。

（7）超声清洗 靠清洗液的化学作用与引入清洗液中的超声波振荡作用相配合达到去污目的。利用超声波在液体中的空化作用、加速度作用及直进流作用对液体和污物直接、间接的作用，使污物层被分散、乳化、剥离而达到清洗目的。目前所用的超声波清洗机中，空化作用和直进流作用应用最多。

8. 清洗设备及其应用

（1）清洗槽 清洗槽是清洗作业中最常用的设备，主要用来进行简单的擦洗、浸洗。通过式清洗槽如图 2-3 所示。

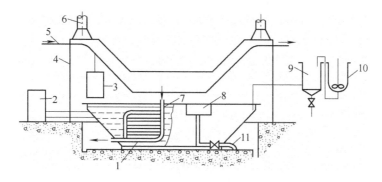

图 2-3 通过式清洗槽示意图

1—主槽 2—仪表控制柜 3—工件 4—槽罩 5—悬挂式输送机 6—通风装置 7—加热装置
8—溢流槽 9—沉淀槽 10—配料装置 11—排放管

（2）喷射清洗装置 喷射式清洗装置通过泵将清洗液喷射到工件表面。多步式喷射清洗装置如图 2-4 所示。

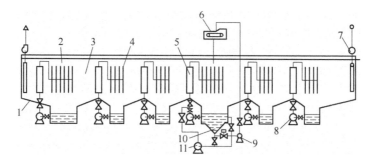

图 2-4 多步式喷射清洗装置示意图

1—装置壳体 2—各个喷洗段的喷洗区 3—各个喷洗段之间的过渡段 4—各喷洗段的喷管 5—各个喷洗
段的加热器 6—过滤器 7—风机 8—各喷洗段用泵 9—过滤用泵 10—各段槽体 11—循环用泵

（3）气相清洗槽 气相清洗槽由槽体、加热器、冷凝器、通风装置、喷射清洗装置、工件传送装置等组成。气相清洗槽组成如图 2-5 所示。

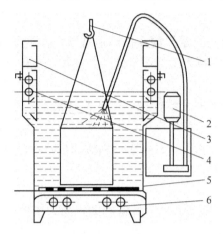

图 2-5 气相清洗槽组成示意图

1—工件传送装置吊钩 2—喷射清洗装置 3—通风装置 4—冷凝器

5—清洗槽槽体 6—加热器

（4）超声波清洗装置 超声波清洗装置主要由超声波发生器、换能器和超声波清洗槽组成。超声波清洗原理如图 2-6 所示。

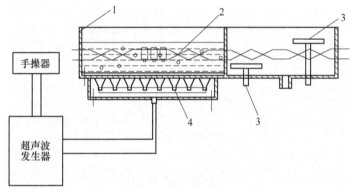

图 2-6 超声波清洗原理

1—清洗槽 2—清洗轨道 3—压缩空气 4—换能器振头

 讨论 如何制作塑料清洗槽？

9. 清洗质量

（1）清洁度 清洁度是清洗质量的主要指标之一。零件的清洁度是产品清洁度的基础，用零件经清洁后在其表面残留的污垢的质量大小来衡量，其单位为 mg/cm^2 或 g/m^2。表 2-1 为一种可供参考的零件清洁度等级评价。

表 2-1 零件清洁度等级

级别	0	1	2	3	4	5	6	7	8	9	10
残留污垢量/(mg/cm^2)	≥5	2.5	1.6	1.25	1.0	0.75	0.55	0.4	0.25	0.1	0.01
残留污垢量/(g/m^2)	≥50	25	16	12.5	10	7.5	5.5	4	2.5	1	0.1

在机械零件清洗中，一般热处理前工件清洁度要求为 6～8 级，装配前及装配作业过程中为 7～9 级，涂装及电镀前为 9～10 级。

（2）检测方法 零件表面清洁度检测方法见表2-2。

表2-2 零件表面清洁度检测方法

方法	检测原理	操作要点	评价
挂水法	清洁表面能被水润湿，其上的水膜在一定时间内能保持连续性而不聚集成滴	将零件浸于蒸馏水中后取出，检测面要与地面垂直或呈30°，观察水膜的破坏程度	检测面垂直时10s内，检测面呈30°时30s内，表面上无水珠出现，则零件基本清洁干净
银光法	油、油脂等油污在紫外线作用下能发光	用紫外线发射器照射检测面，再用光电管观察工件表面的发光量	发光量越小，则清洁质量越好
硫酸铜法	油、油脂等油污与硫酸铜溶液会发生化学反应	将检测件浸入由硫酸铜50g/L和硫酸20g/L配制的溶液中1min，取出后立即用水洗	硫酸铜溶液析出的斑纹、光亮花纹、起泡和剥离状况越少，则清洁质量越好
专用试纸法	清洁表面能与试纸充分反应	用流动水冲洗检测件，然后放入显色液中浸泡1min，取出后将检测面与地面垂直静置5s，最后将检测面水平放置，贴上试纸并用厚度约5mm的玻璃压上，静置1min	专用试纸上的显色状况连成一片并占检测面的2/3以上为清洁合格

清洗后一般要求立即将水分去除，这样可以防止生锈或返潮。除了用烘干的方法以外，还有其他方法去除水分吗？

讨论

【拓展知识】

1. 内燃机

（1）内燃机的工作原理 内燃机是一种动力机械，它是通过使燃料在机器内部燃烧，并将燃料燃烧时释放的热能直接转换为动力的热力发动机。通常所说的内燃机是指活塞式内燃机，其结构原理如图2-7所示。

活塞式内燃机以往复活塞式最为普遍。活塞式内燃机将燃料和空气混合，在其气缸内燃烧，释放出的热能使气缸内产生高温、高压的燃气，燃气膨胀推动活塞做功，再通过曲柄连杆机构或其他机构将机械功输出，驱动从动机械工作。

往复活塞式内燃机的组成部分主要有曲柄连杆机构、气缸、配气机构、供油系统、润滑系统、冷却系统和起动装置。

气缸是一个圆筒形金属机件。活塞可在气缸套内往复运动，并从气缸下部封闭气缸，从而形成容积做规律变化的密封空间。燃料在此

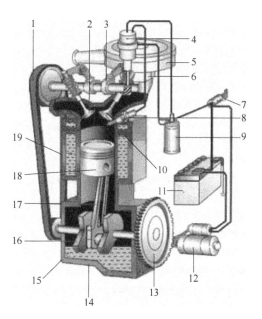

图2-7 内燃机结构原理

1—带（或链条） 2—排气门 3—凸轮轴 4—分电器
5—空气滤清器 6—化油器 7—点火开关 8—火花塞
9—点火线圈 10—进气门 11—蓄电池 12—起动机
13—起动齿轮 14—油底壳 15—润滑油 16—曲轴
17—连杆 18—活塞 19—冷却液

空间内燃烧，产生的燃气动力推动活塞运动。活塞的往复运动经过连杆推动曲轴做旋转运动，曲轴再从飞轮端将动力输出。由活塞组、连杆组、曲轴和飞轮组成的曲柄连杆机构是内燃机传递动力的主要部分。曲轴如图2-8所示，活塞和连杆如图2-9所示。

图2-8　曲轴

（2）四冲程汽油机　四冲程是指在进气、压缩、做功和排气四个行程内完成一个工作循环，此期间曲轴旋转两周。二冲程是指在两个行程内完成一个工作循环，此期间曲轴旋转一周。四冲程汽油机需要曲轴转两圈（720°），活塞上、下运动四次共四个行程，如图2-10所示。

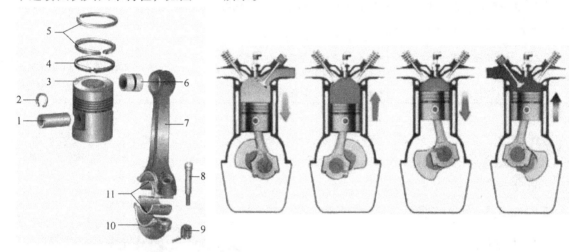

图2-9　活塞和连杆

1—活塞销　2—销挡圈　3—活塞　4—油环　5—气环　6—连杆衬套　7—连杆
8—连杆螺栓　9—连杆螺母　10—连杆盖　11—连杆轴瓦

图2-10　汽油机四冲程工作原理

进气：活塞运动到底时，进气门关闭，同时进气道喷出雾化油。这是进气行程。

压缩：活塞向上运动压缩气缸里的混合气体。活塞压缩行程到顶时，气缸内形成了高温高压混合气体。这是压缩行程。

做功：活塞到顶后，火花塞点火。高温高压的混合气体点燃以后迅速膨胀，推动活塞向下运动。这是做功行程。

排气：活塞到底以后排气门打开。活塞在惯性的作用下向上运动排出燃烧后的气体。这是排气行程。

讨论　如何实现直线运动和圆周运动之间的相互转化？

2. 维修过程中清洗的作用

在维修过程中清洗是重要一环。清洗方法和清洗质量对零件鉴定的准确性、维修质量、维修成本和使用寿命等均产生重要影响。清洗包括清除油污、水垢、积炭、锈层和旧漆层等。根据零件的材质、精密程度、污物性质和各工序对清洁程度的不同要求，必须采用不同的清洗方法，选择适宜的设备、工具、工艺和清洗介质，以便获得良好的清洗效果。

3. 拆卸前的清洗

拆卸前的清洗主要是指外部清洗。目的是除去机械设备外部积存的尘土、油污、泥沙等脏物，以便于拆卸和避免将尘土、油泥等脏物带入装配场地。一般采用自来水冲洗，即用软管将自来水接到被清洗部位，用水流冲洗油污，并用刮刀、刷子配合进行。也可采用高压水冲刷，即采用 1~10MPa 压力的高压水流进行冲刷。对于密度较大的厚层污物，可加入适量的化学清洗剂并提高喷射压力和水流的温度。

常见的外部清洗设备有单枪射流清洗机和多喷嘴射流清洗机。

1) 单枪射流清洗机。靠高压连续射流或汽、水射流的冲刷作用或水流与清洗剂的化学作用相配合来清除污物。

2) 多喷嘴射流清洗机。有门框移动式和隧道固定式两种，喷嘴安装位置和喷嘴数量依据设备的用途不同而异。

4. 拆卸后的清洗

(1) 清除油污　凡是和各种油料接触的零件在解体后都要清除油污，即除油。油可分为两类：可皂化的油，即能与强碱起作用生成肥皂的油，如动物油，植物油；不可皂化的油，不能与强碱起作用，如各种矿物油、润滑油、凡士林和石蜡等，它们都不溶于水，但可溶于有机溶剂。去除这些油，主要是用化学方法和电化学方法。常用的清洗液为有机溶剂、碱性溶液和化学清洗液等。清洗方式则有人工清洗和机械清洗两种。

(2) 清除水垢　机械设备的冷却系统长期使用硬水或含杂质较多的水，因此会在冷却器及管道内壁沉积一层黄白色的水垢，主要成分是碳酸盐、硫酸盐，有的还含二氧化硅等。水垢使水管截面缩小，热导率降低，严重影响冷却效果，并影响冷却系统的正常工作，必须定期清除。水垢可用化学去除法清除，有以下几种。

1) 酸溶液清除水垢。用质量分数为 3%~5% 的磷酸溶液注入并保持 10~12h，使水垢生成易溶于水的盐类，而后放掉溶液，再用清水冲洗干净，以去除残留碱盐而防腐。

2) 碱溶液清除水垢。

①对铸铁的发动机气缸盖和水套可用氢氧化钠（烧碱）750g、煤油 150g 加水 10L 的比例配成溶液，将其过滤后加入冷却系统中停留 10~12h，然后起动发动机使其以全速工作 15~20min，直到溶液开始沸腾为止，然后放掉溶液，再用清水清洗。

②对铝制气缸盖和水套可用硅酸钠 15g、液态肥皂 2g 加水 1L 的比例配成溶液，将其注入冷却系统中，起动发动机到正常工作温度，再运转 1h 后放掉清洗液，用水清洗干净。

清洗钢制零件，溶液浓度可高些，氢氧化钠的质量分数约 10%~15%；对有色金属零件溶液的浓度应低些，氢氧化钠的质量分数约 2%~3% 即可。

3) 清除铝合金零件水垢，可用质量分数为 5% 浓度的硝酸溶液，或质量分数为 10%~15% 浓度的醋酸溶液。

(3) 清除积炭　在维修过程中，常遇到清除积炭的问题，如发动机中的积炭主要积聚在气门、活塞、气缸盖等处。积炭的成分与发动机的结构、零件的部位、燃油的种类、润滑油的种类、工作条件以及工作时间等有很大的关系。积炭是由于燃料和润滑油在燃烧过程中不能完全燃烧并在高温下形成的一种由胶质、沥青质、油焦质、润滑油和炭质等组成的复杂混合物。积炭影响发动机的散热效果，恶化传热条件，影响燃烧性，甚至会导致零件过热，形成裂纹。

目前，经常使用机械法、化学法和电解法等进行积炭清除。

1）机械法：用金属丝刷或刮刀去除积炭。为了提高生产率，在用金属丝刷时可由电钻经软轴带动其转动。此法简单，对于规模较小的维修单位经常采用，但效率低，容易损伤零件表面，不易清除干净。也可用喷射核屑法清除积炭，由于核屑比金属软，冲击零件时核屑本身会变形，所以零件表面不会产生刮伤或擦伤，生产率高。这种方法是用压缩空气吹送干燥且碾碎的桃、李子、杏的核及核桃的硬壳冲击有积炭的零件表面，破坏积炭层而达到清除目的。

2）化学法：对某些精加工零件的表面，不能采用机械清除法，可用化学法。将零件浸入氢氧化钠、碳酸钠等清洗溶液中，温度为 $80 \sim 95 \, ^{\circ}\mathrm{C}$，使油脂溶解或乳化，积炭变软，约 $2 \sim 3\mathrm{h}$ 后取出，用毛刷刷去积炭，用质量分数为 $0.1\% \sim 0.3\%$ 的重铬酸钾热水清洗，最后用压缩空气吹干。

3）电解法：将碱溶液作为电解液，零件接于阴极，使其在化学反应和氢气的剥离共同作用下去除积炭。这种方法有较高的效率，但要掌握好清除积炭的规范。例如，气门电化学法清除积炭的规范大致为：电压 $6\mathrm{V}$，电流密度 $6\mathrm{A/mm^2}$，电解液温度 $135 \sim 145 \, ^{\circ}\mathrm{C}$，电解时间为 $5 \sim 10\mathrm{min}$。

（4）除锈　锈是金属表面与空气中氧、水分以及酸类物质接触而生成的氧化物，通常称为铁锈。去锈的主要方法有机械法、化学酸洗法和电化学酸蚀法。

1）机械法：利用机械摩擦、切削等作用清除零件表面锈层。常用的方法有刷、磨、抛光、喷砂等。单件小批维修靠人工用钢丝刀、刮刀、砂布等刷、刮或打磨锈蚀层。成批维修可用电动机或风动机作动力，带动各种除锈工具进行除锈，如电动磨光、抛光、滚光等。喷砂除锈是利用压缩空气，把一定粒度的砂子通过喷枪喷在零件的锈蚀表面。它不仅除锈快，还可为喷涂、电镀等工艺做好准备。经喷砂后的表面干净，并有一定的粗糙度，能提高覆盖层与零件的结合力。机械法除锈只能用在不重要的表面。

2）化学酸洗法：利用化学反应把金属表面的锈蚀产物溶解掉的酸洗法。其原理是酸对金属的溶解，以及化学反应中生成的氢对锈层发生机械作用而使其脱落。常用的酸包括盐酸、硫酸、磷酸等。选择除锈的化学药品和使用操作条件主要根据金属的种类、化学组成、表面状况和零件尺寸精度及表面质量等确定。

3）电化学酸蚀法：零件在电解液中通以直流电，通过化学反应达到除锈目的。这种方法比化学法快，能更好地保护基体金属，酸的消耗量少。一般分为两类：一类是把被除锈的零件作阳极；另一类是把被除锈的零件作阴极。阳极除锈是由于通电后金属溶解以及在阳极的氧气对锈层的撕裂作用而分离锈层。阴极除锈是由于通电后在阴极产生的氢气使氧化铁还原和氢对锈层的撕裂作用使锈蚀物从零件表面脱落。前者主要缺点是当电流密度过高时，易腐蚀过度，破坏零件表面，故适用于外形简单的零件。后者虽无过蚀问题，但氢易侵入金属中，产生氢脆，降低零件塑性。因此，需根据锈蚀零件的具体情况确定合适的除锈方法。

此外，在生产中还可用由多种材料配制的除锈液，把除油、除锈和钝化三者合一进行处理。除锌、镁等金属外，大部分金属制件均可采用，且喷洗、刷洗、浸洗等方法都能使用。

（5）清除漆层　零件表面的保护漆层需根据其损坏程度和保护涂层的要求进行全部或部分清除。清除后要冲洗干净，为再喷刷新漆做准备。

清除方法一般用手工工具，如刮刀、砂纸、钢丝刷或手提式电动、风动工具进行刮、磨、刷等。也可用各种配制好的有机溶剂、碱性溶液等作退漆剂，涂刷在零件的漆层上，使之溶解软化，再借助手工工具去除漆层。

为完成各道清洗工序，可使用一整套各种用途的清洗设备，包括喷淋清洗机、浸浴清洗机、喷枪机、综合清洗机、环流清洗机、专用清洗机等。

5. 曲轴连杆装配技能

连杆的作用是将活塞承受的力传给曲轴，并将活塞的往复运动转变为曲轴的旋转运动。

连杆由连杆体、连杆盖、连杆螺栓和连杆轴瓦等零件组成，连杆体分为连杆小头、杆身和连杆大头。

连杆小头用来安装活塞销，以连接活塞。杆身通常做成"工"形或"H"形断面，以求在满足强度和刚度要求的前提下减少重量。

连杆大头与曲轴的连杆轴颈相连。一般做成分开式，与杆身切开的一半称为连杆盖，二者靠连杆螺栓联接为一体。

连杆轴瓦安装在连杆大头孔座中，与曲轴上的连杆轴颈装配在一起，是发动机中最重要的配合副之一。常用的减摩合金主要有巴氏合金、铜铅合金和铝基合金。

6. 工程塑料电解槽

工程塑料电解槽是用工程塑料板通过机械加工、人工焊接而成，具有良好的电绝缘性，且吸水性极低，电绝缘性不会受到湿度的影响。

【技能训练】

■任务

分组（每组5~6人）进行汽油机清洗。每组制作清洗槽1只，每人清洗1台。

■分析与实践

1）整理场地。

2）领材料。

3）制作清洗槽。

4）制定清洗方案。

5）清洗。

■教师检验质量、点评与评分

汽油机零件清洗及整机装配质量评分表见表2-3。

表2-3　汽油机零件清洗及整机装配质量评分表

考核内容	考核要求	配分	得分
5S工作	符合5S规范	10分	
理论知识	熟悉清洗槽制作工艺，了解汽油机结构，了解清洗液的选择，熟悉清洗方法。了解汽油机装配工艺	30分	
实际操作	能制作清洗槽，不漏油，结构平整，形状规范。清洗液选择正确，清洗方法正确。汽油机装配规范	40分	

（续）

考核内容	考 核 要 求	配分	得分
零件清洗质量及整机装配质量检验	零件表面清洁度达到要求，装配后汽油机性能良好	10 分	
安全工作	穿戴整齐，劳动保护正确，遵守操作规程，有预防措施	10 分	
总　　计		100 分	

注：安全不及格，则本次实践成绩评定为不及格。

【课外作业】

一、填空题

1. 清洗是借助清洗设备或工具将_____作用于零件表面，用合适的_____去除零件表面黏附的油脂污垢，使零件内外表面都达到要求的_____的过程。

2. _____是用磨料和结合剂等制成的条状固结磨具。

3. 清洗液可分为_____、_____和_____等。

二、判断题

1. 超声清洗是靠清洗液与引入清洗液中的超声波振荡发生化学反应而达到去污目的。

2. 零件清洗后应立即刷涂防锈油。

3. 四冲程和二冲程都有进气、压缩、膨胀和排气四个过程。

三、选择题

1. 不是清洗液的是（　　　）。

（A）有机溶剂　　　　（B）水　　　　　　　（C）碱性溶液　　　　（D）化学清洗液

2. 不是超声波清洗装置的三大组成部分之一的是（　　　）。

（A）干燥器　　　　（B）超声波发生器　　（C）换能器　　　　　（D）超声波清洗槽

3. 不是有机溶剂的是（　　　）。

（A）煤油　　　　　（B）丙酮　　　　　　（C）水玻璃　　　　　（D）酒精

4. 不是除锈方法的是（　　　）。

（A）水洗　　　　　（B）机械抛光　　　　（C）化学酸洗　　　　（D）电化学酸蚀

四、简答题

1. 整理本任务的主要知识点、技能点。

2. 如何评判零件的清洗质量？

3. 举例说明如何选择清洗液、清洗方法和清洗设备。

【阅读材料】

机械零件清洗

邓志华（金华职业技术学院）

机械零件在进入装配工序前往往经历了制造、贮藏、运输等过程，零件表面极易黏附切屑、油脂、灰尘、氧化物等杂质，如果在装配前未经有效洗涤和清理，未能达到足够的表面清洁度，将会造成零件在装配运转后显著的先期磨粒磨损和额外偏差，降低产品装配质量，影响使用寿命和可靠性，严重时会造成产品报废或酿成安全事故。因此，对机械零件进行装配前有效清洗对保证产品的装配质量和延长产品的使用寿命均有重要意义。对于轴承、密封件、精密偶件、各种高频或高速运动的运动副以及有特殊清洗要求的零件更为重要。同时，由于受零件的清洗要求、材料性质、批量大小、表面杂质的形态特性及其黏附情况等诸多因素的影响，其清洗工艺方法的差异性很大。为了达到清洗目的，必须仔细研究清洗工艺及其适用性。

清洗液是金属零件清洗工艺中的工作介质，清洗过程实质是清洗液与金属零件表面的杂质之间不断产生物理、化学作用的过程，因此清洗液的合理选用是保证清洗工艺效能和安全的基础。

清洗液一般由4种基本组分配置而成，包括助剂、含表面活性剂的乳化剂、溶剂和水。

清洗液除了应具有良好的清洗性能、防锈性能、低泡性能、无毒无腐蚀性外，在选择时应遵循下列原则：

1）要与清洗方法和清洗设备相匹配，例如有的清洗液不宜在高压、冲击环境下工作，否则很难解决防火、防爆问题。

2）要与清洗工序的前后工序相协调，例如工序节拍的协调等。

3）清洗液的各组分来源充沛、成本低廉、配制方便，以保证资源低耗、工艺成本经济。

4）应充分顾及清洗后排放所造成的废水、废气处理的经济性。

对于不同的清洗对象，由于清洗要求、批量大小、零件形态、污染程度和污染物黏附情况等各异，因此其清洗工艺方法、工艺条件也不同。

1. 擦洗

工艺特点：采用手工操作的方法，操作简易，装备简单，能去掉有机物和无机物两类污垢，但效果一般，效率低下。配备合适的清洗设备，也可实现高效率清洗，例如配备多轴刷轮和传送装置可对轴承件实现半自动高效擦洗。

适用清洗液：石油系列溶剂或有机溶剂的清洗液和常温水基清洗液，例如汽油、煤油、轻柴油、二甲苯、酒精等。

适用场合：适用于小批生产的中小型零件，大型零件的局部清洗和严重污染件的头道清洗。

2. 浸洗

工艺特点：被清洗工件浸泡于清洗液中一定时间后达到清洗目的。设备和操作都很简单，清洗作用主要依靠清洗液，清洗时间长。配备可摇晃传送装置可提高清洗效果。

适用清洗液：常见的各种清洗液均可。

适用场合：适用于批量大、形状复杂、轻度油脂污垢的零件。

3. 冲洗

工艺特点：使用传送装置或起重运输装置使被清洗零件相对清洗喷嘴运动，清洗喷嘴一般用工作压力为 0.28MPa 左右的清洗液冲洗零件。生产率高，设备较复杂。

适用清洗液：除大部分水基清洗剂外，其余各种常用清洗液均可。

适用场合：适用于大批、中批生产中形状不复杂的零件上半固态污物与一般的固态污物清洗。

4. 高压喷射清洗

工艺特点：置零件于清洗机中，针对零件表面需重点清洗的部位安置若干喷嘴，通过喷压柱塞泵将清洗液送至喷嘴，在出口处形成高速射流喷至零件表面。清洗喷嘴工作压力自2MPa起，常在 10～20MPa 之间。清洗效果好，能去除严重的油污和固态污垢。

适用清洗液：清水、碱液、水基清洗液、热水。

适用场合：适用于批量较大、零件形状不太复杂的中型零件的清洗。

5. 电解清洗

工艺特点：把被清洗零件作为一个电极浸入起电解液作用的清洗液，借助电解所产生气体的机械作用来冲刷和剥离零件表面的污垢；同时，清洗液本身的皂化、渗透、分散、乳化等理化作用，也产生有力的清洗效果，因此清洗质量较高。显然，电解清洗时，清洗液要有一定导电性，须配备电源装置，投资和耗电大。

适用清洗液：碱液或水基清洗液。

适用场合：适用于大批、中批生产的小型件最终清洗和电镀前清洗，或清洗质量要求较高的其他零件。

6. 气相清洗

工艺特点：储存在储液槽内的清洗液经加热后变为蒸气，进入蒸气柜内形成气相区，使零件通过气相区，黏附于其表面的油污被蒸气溶解、冲洗，而后当蒸气受到冷凝管的冷凝作用后，又回复为液态清洗液，并连同油污一起落入储液槽，完成一个清洗循环。由于零件表面被清洗掉的污垢沉积于储液槽底部，不可能混入蒸气中，因此在下一循环中气相区的蒸气始终是洁净的，故对零件表面清洁度的提高有利。这种清洗方法清洗效果好，零件表面清洁度高，但设备复杂，须配备加热冷凝装置，并且劳动保护要求严格，辅助装置多，操作管理要求严格。

适用清洗液：三氯乙烯、三氯乙烷、三氟乙烷等。

适用场合：适用于成批生产的中、小型零件和清洗要求高的零件清洗。

7. 超声波清洗

工艺特点：待清洗的零件先置于清洗槽内，然后将超声波发生器产生的超声波能施加于清洗液，超声波在清洗液中传播时，每分钟爆炸近万次而形成"空花效应"。大量超声波气蚀气泡释放后猛烈撞击零件，从而使零件表面上的污垢剥离，达到清洗效果。零件表面的清洁度高，清洗液适用范围广，但设备投资较大，维护管理要求较高，污垢严重的零件须预先用其他方法进行粗洗。

适用清洗液：常见各种清洗液均可。

适用场合：适用于中、小型零件，成批生产、清洁度要求特高的微型零件，形状复杂、其他方法难以清洗的零件以及其他清洁度要求高的一般零件。

8. 多步清洗

工艺特点：将浸洗、喷洗、气相清洗、超声波清洗这 4 种方法互相配合使用，以提高清洗质量和生产率。

适用清洗液：按多步清洗方法适用的清洗液配用。

适用场合：适用于中批、大批生产的中小零件，清洗质量要求特高的大批生产中小型和微型零件。

对机械零件进行清洗是其装配前或实施表面处理工艺前必需的工序。机械零件清洗后的洁净度、防锈蚀性等清洗质量将直接影响后续工序的工艺质量，清洗工序的生产效果、工艺成本、操作安全性、溶液的可处理性等指标将直接影响清洗工艺的经济性、可行性。因此，针对不同的清洗对象及不同的工艺要求，应合理选择清洗工艺，以达到清洗质量保证、生产效果恰当、工艺成本低以及安全、环保的清洗目标。

任务2.2 螺纹联接装配

【实训器材】

钳工工作台、工具、夹具。

轴类零件、套类零件。

Q235钢板或45钢板（120mm×100mm×20mm，2件）。

台钻、钻头。

划线平板、游标高度尺、划针、圆规、样冲、直角尺。

圆柱销、圆锥销、M6内六角螺钉、铰刀、圆锥铰刀、丝锥、丝锥架。

【基础知识】

1. 螺纹

在圆柱或圆锥表面上，沿着螺旋线所形成的具有规定牙型的连续凸起，称为螺纹。该凸起是指螺纹两侧面的实体部分，又称牙。

在机械加工中，螺纹是在圆柱或圆锥形的轴（或内孔表面）上用刀具或砂轮切成，此时工件转一周，刀具沿着工件轴向移动一定的距离，刀具在工件上切出的轨迹就是螺纹。在外圆表面形成的螺纹称外螺纹，在内孔表面形成的螺纹称内螺纹。

（1）螺距与导程　螺纹上相邻两牙对应点之间的轴向距离称为螺距，符号是 P。同一条螺旋线上，位置相同、相邻的两点之间的轴向距离称为导程，符号是 P_h，如图2-11所示。

（2）螺纹旋向　左旋或右旋，如图2-12所示。

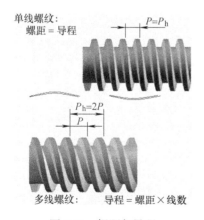

图2-11 螺距与导程

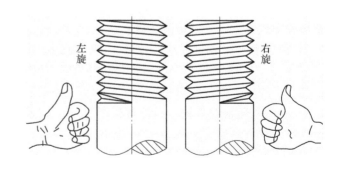

图2-12 螺纹旋向

（3）螺纹的牙型　螺纹的断面形状称为牙型。根据牙型不同，螺纹分为三角形螺纹、梯形螺纹、锯齿形螺纹和矩形螺纹，如图 2-13 所示。

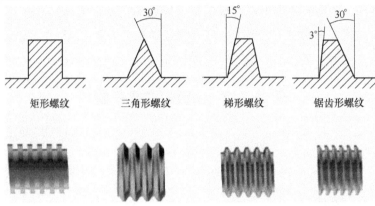

矩形螺纹　　三角形螺纹　　梯形螺纹　　锯齿形螺纹

图 2-13　螺纹的牙型

（4）螺纹样板　带有确定的螺距及牙型，且满足一定的准确度要求，用作对同类的螺纹进行测量（对比）的量具，称为螺纹样板，如图 2-14 所示。

1. 什么是多线螺纹？
2. 多线螺纹有何特点？

图 2-14　螺纹样板

2. 螺纹加工

（1）台钻　台钻即台式钻床，是一种体积小，操作简便，通常安装在专用工作台上的小型孔加工机床，如图 2-15 所示。

台钻钻孔直径一般在 32mm 以下，最大不超过 32mm。其主轴变速一般通过改变 V 带在塔形带轮上的位置来实现，主轴进给靠手动操作。

台钻安全操作规程：

1）使用前要检查台钻各部件是否正常。

2）钻头与工件必须装夹紧固，不能用手握住工件，以免钻头旋转引起伤人以及设备损坏事故。

3）摇臂和拖板必须锁紧后方可工作，装卸钻头时不可用锤子和其他工具物件敲打，也不可借助主轴上下往返撞击钻头，应用专用钻夹头钥匙来装卸，钻夹头不得夹锥柄钻头。

4）钻薄板需加垫木板，应刃磨薄板钻头，并采用较小进给量；钻头快要钻透工件时，应适当减小进给量，要轻施压力，以免折断钻头、损坏设备或发生意外事故。

5）钻头在运转时，禁止用棉纱或毛巾擦拭钻床及清理铁屑；工作后钻床必须擦拭干净，切断电源，工作场地保持整洁。

图 2-15　台钻

6）切屑缠绕在工件或钻头上时，应提升钻头，停机后用专门工具清除切屑。

7）必须在钻床工作范围内钻孔，不使用超过额定直径的钻头。

8）更换 V 带位置变速时，必须切断电源。

9）工作中出现任何异常情况，应立即停机处理。

10）操作前必须熟悉机器的性能、用途及操作注意事项；新手严禁单独上机操作。

11）作业人员必须穿适当的工作服，严禁戴手套。

台钻的保养：

1）工作完毕后及时清理台面上的碎屑。

2）定期清理钻夹头表面的毛刺。

3）定期为主轴及钻夹头注油。

4）定期检查主轴 V 带的张紧度。

5）台钻长期不用时应对表面涂抹黄油，防止表面生锈。

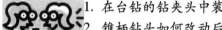

讨论　　1. 在台钻的钻夹头中装入或取出钻头时，钻夹头钥匙应如何旋？

2. 锥柄钻头如何改动后才可以夹在钻夹头上？

3. 通常情况下不选择在斜面上钻孔，但如果只能在斜面上钻孔应该怎么办？

（2）钻头　钻头用以在实体材料上钻削通孔或不通孔，并能对已有的孔做扩孔。常用的钻头主要有麻花钻、中心钻、深孔钻和套料钻。扩孔钻和锪钻虽不能在实体材料上钻孔，但习惯上也将它们归入钻头一类。一般使用的都是麻花钻，如图 2-16 所示。

钻头修磨时，在磨主后面中，应尽量保证顶角118°，且顶角对称于钻头轴线。磨前面时圆周转动等分均匀，此时两主切削刃相等并且对称，加工的孔径不变，保证位置度。

钻头修磨（刃磨）在砂轮机上进行。

砂轮机是用来刃磨各种刀具、工具的常用设备。图

图 2-16　麻花钻

2-17 所示为一种台式砂轮机。

（3）钻底孔　丝锥是内螺纹的加工工具（图 2-18），主要作用是切削金属，但也有挤压金属的作用。被挤出的金属嵌到丝锥的牙间，有时甚至会将丝锥卡住而折断，这种现象对于韧性材料尤为显著，因此螺纹底孔的直径应比螺纹小径略大。螺纹底孔直径可用下列经验公式计算。

$$内螺纹底孔直径 = D - P(韧性材料)$$
$$= D - (1.05 \sim 1.1)P(脆性材料) \tag{2-1}$$

式中　D——螺纹大径；

P——螺距。

螺纹底孔加工一般在台钻上进行。钻孔前，应先划线并用样冲打眼，然后在眼位钻孔。

（4）攻螺纹（内螺纹）　一般情况下，应将工件需要攻螺纹的基面置于水平或垂直位置，便于判定和保持丝锥垂直于工件基面。

图 2-17 台式砂轮机

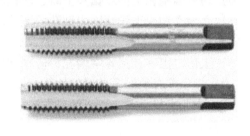

图 2-18 丝锥

丝锥铰杠如图 2-19 所示。将丝锥装入丝锥铰杠，在开始攻螺纹时，要把丝锥放正，然后一手扶正丝锥，另一手轻轻转动铰杠。当丝锥旋转 1~2 圈后，从正面或侧面观察丝锥是否与工件基面垂直，必要时可用直角尺进行校正，一般在攻进 3~4 圈螺纹后，丝锥的方向就基本确定。假如开始攻螺纹时丝锥不正，可将丝锥旋出，用二锥加以纠正，然后再用头锥攻螺纹。当丝锥的切削部分全部进入工件时，就不再需要施加轴向力，靠螺纹自然旋进即可。攻螺纹时，一般以每次旋进 1/2~1 圈为宜。但是，特殊情况下，如 M5 以下的丝锥一次旋进不得大于 1/2 圈；手攻细牙螺纹或精度要求较高的螺纹时，每次进给量还要适当减少。攻削铸铁比攻削钢材的速度可以适当快一些，每次旋进后，再倒转约为旋进的 1/2 行程。攻削较深螺纹时，为便于断屑和排屑，减少切削刃粘屑，保证刃口锋利，应使用切削液，起冷却润滑作用，回转行程还要大一些，并需要往复拧转几回。另外，攻削不通孔螺纹时，要常常把丝锥退出，将切屑清除，以保证螺纹孔有效长度。

图 2-19 丝锥铰杠

转动铰杠时，操纵者的两手用力要平衡，切忌用力过猛或左右晃动，否则容易将螺纹牙型撕裂和导致螺孔扩大及出现锥度。如感到很费力时，切不可强行攻螺纹，应将丝锥倒转，使切屑排除，或用二锥攻削几圈，以减轻头锥切削部分的负荷，然后再用头锥继续攻螺纹。

退出丝锥的操纵方式。攻削不通孔螺纹时，当末锥攻完，用铰杠倒旋丝锥松动后，将丝锥旋出。由于攻完的螺孔和丝锥的配合较松，而铰杠重，若用铰杠旋出丝锥，易产生摇晃和振动，从而破坏螺纹的表面粗糙度。攻削通孔螺纹时，丝锥的校准部分尽量不要全部出头，以免扩大或损坏最后几扣螺纹。

成组丝锥的使用。用成组丝锥攻螺纹时，在头锥攻完后，应先用手将二锥或三锥旋进螺纹孔内，一直到旋不动时，才能使用铰杠操作，防止由于对不准前一丝锥攻削的螺纹而产生乱扣现象。

1. 攻通孔螺纹时，为了攻得比较顺利，能从一个方向攻一定深度后将丝锥退出，然后接着从另一个方向攻入吗？

2. 钻孔后如何利用大的钻头给小孔做倒角？

（5）套螺纹（外螺纹）　普通螺纹的螺杆直径可按下列经验公式确定：

$$螺杆直径\ D = 螺纹公称直径\ d - 0.13 \times 螺距\ P$$

螺杆端部需倒 15°～20° 的斜角，使板牙容易对准工件和切入材料。

套螺纹时应保持板牙端面与螺杆轴线垂直，以防螺纹出现深浅，甚至出现啃牙现象。

套螺纹时需加切削液，一般用浓的乳化液或机械油。

圆板牙铰杠如图 2-20 所示，圆板牙如图 2-21 所示。

图 2-20　圆板牙铰杠　　　　　　　　　　　　图 2-21　圆板牙

攻螺纹或套螺纹时，用力方向应与轴线尽量一致，用力要合理，阻力大时边进边退，并加机械油。攻比较大的螺纹、套比较大的螺纹时在丝锥或圆板牙上加入油漆效果更好。

3. 螺纹联接的技术要求

1）螺钉、螺栓和螺母紧固时严禁打击或使用不合适的旋具或扳手。

2）有规定拧紧力矩要求的紧固件，应采用扭力扳手紧固。

3）同一零件用多个螺钉或螺栓紧固时，各螺钉或螺栓需按一定顺序逐步拧紧，如有定位销应从靠近定位销的螺钉或螺栓开始。紧固件拧紧顺序如图 2-22 所示。

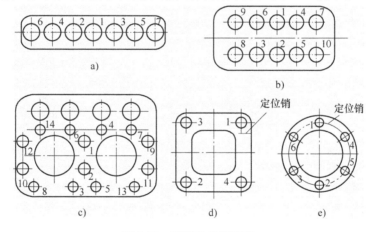

图 2-22　紧固件拧紧顺序

4）用双螺母时，应先装薄螺母，后装厚螺母。

5）螺钉、螺栓和螺母拧紧后，一般螺钉、螺栓应露出螺母 1～2 牙。

6）螺钉、螺栓和螺母拧紧后，其支承面应与被紧固零件贴合。

7）沉头螺钉拧紧后，钉头不得高出沉孔端面。

4. 螺纹联接控制预紧力矩的方法

螺纹联接是可拆卸的固定连接。为了保证联接紧固可靠，一般都必须拧紧，使螺纹联接在没有承受工作载荷之前，预先受到力的作用，这种联接叫做紧螺纹联接。这种预加力的作用就叫作预紧。预紧的目的在于增加螺钉头、螺母、垫片和被联接件之间的摩擦力，使联接牢固可靠。

预紧力的大小根据工作要求确定。预紧力太小，达不到紧固的要求；预紧力太大，会使被联接件过载断裂。因此，必须控制拧紧力矩。

螺栓的拧紧力矩见表2-4（摘自JB/T 6040—2011）。

表2-4　螺栓的拧紧力矩

螺纹规格	螺栓性能等级					
	4.8	5.8	6.8	8.8	10.9	12.9
	保证应力/MPa					
	310	380	440	600	830	970
	拧紧力矩/（N·m）					
M6	5～6	7～8	8～9	10～12	14～17	17～20
M8	13～15	16～18	18～22	25～30	34～41	41～48
M8×1	14～17	17～20	20～23	27～32	37～43	43～52
M10	26～31	31～36	36～43	49～59	68～81	81～96
M10×1	28～34	35～41	41～48	55～66	76～90	90～106
M12	45～53	55～64	64～76	86～103	119～141	141～167
M12×1.5	47～56	57～67	67～79	90～108	124～147	147～174
M14	71～85	87～103	103～120	137～164	189～224	224～265
M14×1.5	77～92	94～110	110～131	149～179	206～243	243～289
M16	111～132	136～160	160～188	214～256	295～350	350～414
M16×1.5	118～141	144～170	170～200	228～273	314～372	372～441
M18	152～182	186～219	219～259	294～353	406～481	481～570
M18×1.5	171～205	210～247	247～291	331～397	457～541	541～641
M20	216～258	264～312	312～366	417～500	576～683	683～808
M20×1.5	239～287	294～345	345～407	463～555	640～758	758～897
M22	293～351	360～431	416～499	568～680	786～941	918～1099
M22×1.5	322～386	395～473	458～548	624～747	863～1034	1009～1208
M24	373～446	457～547	529～634	722～864	998～1195	1167～1397
M24×2	406～486	497～595	576～689	785～940	1086～1300	1269～1520
M27	546～653	669～801	774～801	1056～1264	1461～1749	1707～2044
M27×2	589～706	723～865	837～1002	1141～1366	1578～1890	1845～2208
M30	741～887	908～1087	1052～1259	1434～1717	1984～2375	2318～2775
M30×2	820～982	1005～1203	1164～1393	1587～1900	2196～2629	2566～3072
M36	1295～1550	1587～1900	1838～2200	2506～3000	3466～4150	4051～4850
M36×3	1371～1641	1680～2011	1946～2329	2653～3176	3670～4394	4289～5135
M42	2071～2479	2538～3039	2939～3519	4008～4798	5544～6637	6479～7757
M42×3	2228～2667	2731～3269	3162～3786	4312～5162	5965～7141	6921～8345
M48	3110～3723	3813～4564	4415～5285	6020～7207	8327～9969	9732～11651
M48×3	3387～4055	4152～4970	4807～5755	6556～7848	9069～10857	10598～12688

查找拧紧力矩数值后，用扭力扳手等工具紧固螺纹联接。图2-23所示为一种指示式扭力扳手。

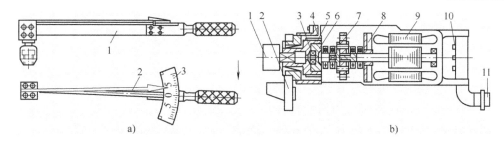

图 2-23 指示式扭力扳手

a）弹簧测力扳手
1—弹性心杆 2—指针 3—标尺
b）1200N·m 力矩电动扳手主机结构图
1—套筒头 2—反力臂 3—输出轴 4—钢轮 5—柔轮 6—波发生器
7—行星齿轮 8—风扇 9—电动机 10—按钮 11—八芯插座

对于无预紧力要求的螺纹联接，可使用普通扳手拧紧，但不能随意给扳手套上管子加大扳手柄长，以免产生过大的拧紧力矩，损坏螺纹。对有预紧力要求的螺纹联接，应使用扭力扳手和控制螺栓伸长量等办法加以控制。

5. 螺母和螺钉的装配要点

螺母和螺钉装配要注意以下几点：

1）螺钉或螺母与零件贴合的表面要光洁、平整。

2）要保持螺钉或螺母与接触面的清洁。

3）螺孔内的脏物要清理干净。

4）成组螺栓或螺母在拧紧时，应根据零件形状，螺栓的分布情况，按一定的顺序拧紧螺母。在拧紧长条形布置的成组螺母时，应从中间开始，逐步向两边对称地扩展；在拧紧圆形或方形布置的成组螺母时，必须对称地进行（如有定位销，应从靠近定位销的螺栓开始），以防止螺栓受力不一致，甚至变形。

5）拧紧成组螺母时要做到分次逐步拧紧（一般不少于3次）。

6）必须按一定的拧紧力矩拧紧。

7）凡有振动或受冲击力作用的螺纹联接，都必须采用防松装置。

6. 螺纹防松装置的装配要点

（1）弹簧垫圈防松 使用弹簧垫圈（图 2-24）时不能用力将弹簧垫圈的斜口拉开，否则，在重复使用时会加剧划伤零件表面。应根据结构选择合适类型的弹簧垫圈。圆柱形沉头螺栓联接所用的弹簧垫圈和圆锥形沉头螺栓所用的弹簧垫圈不同；有齿弹簧垫圈的齿应与联接零件表面相接触。对于较大的螺栓孔，应使用具有内齿或外齿的平型有齿弹簧垫圈，如图 2-25 所示。

图 2-24 弹簧垫圈

图 2-25 有齿弹簧垫圈

（2）开口销防松　开口销（图2-26）的直径应和销孔相适应，开口销端部必须光滑且无损坏。装配开口销时，应注意将开口销的末端压靠在螺母和螺栓的表面上，否则会出现安全事故。

（3）胶黏剂防松　通过液态合成树脂进行防松。如果零件表面互相接触良好，胶黏剂涂层越薄，则防松效果越好。在操作时，零件接触表面必须用专用清洗剂仔细地进行清洗、脱脂，同时，稍为粗糙的表面可增强粘接的强度。

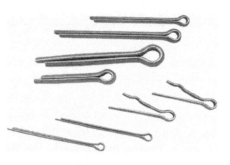

图2-26　开口销

7. 弹性挡圈（卡簧）的装配要点

弹性挡圈的可靠性不仅取决于其自身，还在相当程度上取决于安装方式。在安装过程中，将弹性挡圈装至轴上时，挡圈将张开，而将其装入孔中时，挡圈将被挤压，从而使弹性挡圈承受较大的弯曲应力。所以，在装配和拆卸弹性挡圈时，应使弹性挡圈的工作应力不超过其许用应力，也就是说，弹性挡圈的张开量或挤压量不得超出其许可变形量，否则会导致弹性挡圈的塑性变形，影响其工作的可靠性。为便于弹性挡圈的装配和拆卸，应采用专用工具，如弹性挡圈钳。

弹性挡圈钳有多种规格，必须选择与所用弹性挡圈相适合的弹性挡圈钳。一般情况下，弹性挡圈钳都标有相应的规格，以说明该钳适用于哪种直径的弹性挡圈。

当使用弹性挡圈钳安装弹性挡圈时，其上最好装有可调的止动螺钉，这样可防止弹性挡圈在装配时产生过度变形。

在装配沟槽位于轴端或孔端的弹性挡圈时，应将弹性挡圈的两端首先放入沟槽内，然后将弹性挡圈的其余部分沿着轴或孔的表面推进沟槽，这样可使挡圈的径向扭曲变形最小。

8. 螺纹联接的防松

（1）螺纹联接的防松装置　有振动或冲击工况的螺纹联接需要有可靠的防松装置。常用的防松方法有双螺母法、防松螺母法、打胶法、开口销法、弹垫平垫法等。

（2）双螺母防松原理　双螺母联接时产生两个摩擦力面，第一摩擦力面位于螺母与被紧固件之间，第二摩擦力面位于螺母与螺母之间。安装时，第一摩擦力面的预紧力约为第二摩擦力面的80%。在冲击或振动载荷作用下，第一摩擦力面的摩擦力减小或消失，同时，第一螺母被压缩导致第二摩擦力面的摩擦力进一步加大。螺母松退必须克服第一摩擦力和第二摩擦力，由于第一摩擦力减小的同时第二摩擦力增大，这样防松效果就比较好。用厚度不同的双螺母紧固螺栓时，要先装薄螺母，用80%左右的拧紧力矩拧紧后，再用100%的拧紧力矩拧紧厚螺母。双螺母防松原理如图2-27所示。

（3）防松螺母　以特殊的工程塑料永久地附着在螺纹上，使内、外螺纹在缩紧过程中，工程塑料被挤压而产生强大的反作用力，极大地增加了内、外螺纹之间的摩擦力，提供了对振动的绝对阻力。防松螺母如图2-28所示。

（4）双头螺柱的装配　双头螺柱装配时要保证螺柱的轴线与机体的表面垂直，螺柱螺纹与机体螺纹的配合有足够的紧固性，如图2-29所示。

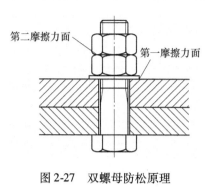

图 2-27　双螺母防松原理

图 2-28　防松螺母

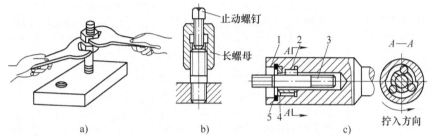

图 2-29　双头螺柱拧入

a）双螺母拧入法　b）长螺母拧入法　c）螺柱拧入工具

1—工具体　2—滚柱　3—双头螺柱　4—限位套筒　5—挡圈

（5）自攻螺纹的装配　自攻螺纹是由螺栓或螺钉充任丝锥，挤压或切削基体材料，将螺栓或螺钉直接拧入无螺纹的光孔或未钻孔的基件。

1. 双螺母防松的装配要点是什么？说说操作步骤。
2. 还有其他螺纹联接的防松方法吗？

9. 过盈连接

过盈连接通过包容件（孔）和被包容件（轴）配合后的过盈量达到紧固连接。在过盈连接中，要保证准确的过盈量，配合表面应清洁，并具有较低的表面粗糙度值和较高的形状精度。

过盈连接的装配方法有压装、热装、冷装、液压套合、爆炸压合等。各种方法的工艺特点和适用范围见表 2-5。

表 2-5　实现过盈连接的各种方法

装配方法	主要设备和工具	工艺特点	适用范围
冲击压入	用手用锤或重物冲击	简便、但导向性不易控制，易出现歪斜	适用于配合面要求较低或其长度较短、过渡配合的连接件，如销、键、短轴等。多用于单件生产
工具压入	用手动螺旋式、杠杆式，或气动式工具压入工件	导向性比冲击压入好，生产率较高	适用于不宜用压力机压入的小尺寸连接件，如小型轮圈、轮毂、齿轮、套筒、连杆和一般要求的滚动轴承等。多用于小批生产

（续）

装配方法	主要设备和工具	工艺特点	适用范围
压力机压入	用机械式（齿条式、螺旋式、杠杆式）或气动式压力机和液压机	压力范围：机械式为 10～10000kN，气动式 ≤50kN，液压式 >500kN，配合夹具可提高导向性	适用于中小型和大型连接件，如车轮、飞轮、齿圈、轮毂、连杆衬套、滚动轴承等。易实现压合过程自动化，成批生产中广泛使用
液压垫压入	液压垫（一般用厚 2～3mm 的钢板制成空心垫，注入压力液体）	压力一般在 10000kN 以上	适用于压入行程短的大型、重型连接件，多用于单件或小批生产以代替大型压力机
火焰加热	喷灯、氧乙炔、丙烷加热器、炭炉	加热温度低于 350℃。丙烷（加其他气体燃料）加热器热量集中，加热温度易于控制，操作简便	适用于局部受热和热胀尺寸要求严格控制的中型和大型连接件，如汽轮机、鼓风机、涡轮压缩机的叶轮、组合式曲轴的曲柄等
介质加热	沸水槽、蒸汽加热槽、热油槽	沸水槽加热温度 80～100℃，蒸汽加热槽可达 120℃，热油槽可达 90～320℃，均可使连接件除油干净，热涨均匀	适用于过盈量较小的连接件，如滚动轴承、液体静压轴承、连接衬套、齿轮等。对忌油连接件，如氧气压缩机上的连接件，需用沸水槽或蒸汽加热槽加热
电阻加热和辐射加热	电阻炉、红外线辐射加热箱	加热温度可达 400℃ 以上，热涨均匀，表面洁净，加热温度易于自动控制	适用于小型和中型连接件，大型连接件需专用设备。成批生产中广泛应用
感应加热	感应加热器	加热温度可达 400℃ 以上，加热时间短，调节温度方便，热效率高	适用于特重型、重型过盈配合的中、大型连接件。如汽轮机叶轮、大型压榨机部件等
干冰冷缩	干冰冷缩装置（或以酒精、丙酮、汽油为介质）	可冷至 -78℃，操作简便	适用于过盈量小的小型连接件和薄壁衬套等
低温箱冷缩	各种类型低温箱	可冷至 -40～-140℃，冷缩均匀，表面洁净，冷缩温度易于自动控制，生产率高	适用于配合面精度较高的连接件，在热态下工作的薄壁套筒件，如发动机气门座圈等
液氮冷缩	移动式或固定式液氮槽	可冷至 -195℃，冷缩时间短，生产率高	适用于过盈量较大的连接件，如发动机主、副连杆衬套等，在过盈连接装配自动化中常采用
液氧冷缩	移动式或固定式液氧槽	可冷至 -180℃，冷缩时间短，生产率高	适用于过盈量较大的连接件，如发动机主、副连杆衬套等，在过盈连接装配自动化中常采用
液压套合	高压液压泵、扩压器或高压油枪、高压密封件、接头等	油压 15～20MPa，操作工艺要求严格，套合后拆卸方便	适用于过盈量较大的中、大型连接件，如大型联轴器、化工机械和轧钢设备部件；特别适用于套合定位要求严格的部件，如大型凸轮轴的凸轮与轴的套合
爆炸压合	炸药，安全设施	在空旷地进行，注意安全	用于中型和大型连接件，如高压容器的薄衬套等

（1）压装

1）压装时不得损伤零件。

2）压入过程应平稳，被压入件应准确到位。

3）压装的轴或套引入端应有适当导锥，但导锥长度不得大于配合长度的15%，导向斜角一般不大于10°。

4）将实心轴压入不通孔时，应有排气孔或槽。

5）压装零件的配合表面除有特殊要求外，在压装时应涂以清洁的润滑剂。

6）用压力机压时，压入前应根据零件的材料和配合尺寸，计算所需的压入力。

（2）热装

1）承受重载荷的连接，用热装法。

2）薄盘零件或薄壁套的连接，用压入法时易引起偏斜或破坏连接。

3）大配合直径的连接，因为过盈量随配合直径增大而增大，用压入法时需要很大的压入力；而相对过盈量，即过盈量与配合直径之比随配合直径增大而减小，用热装法时要求的连接偶件温差减小。

热装的主要要求：

1）热装的最小间隙应按表2-6的规定。

表2-6 最小热装间隙值 （单位：mm）

结合直径	3	3～6	6～10	10～18	18～30	30～50	50～80
最小间隙	0.003	0.006	0.010	0.018	0.030	0.050	0.059
结合直径	80～120	120～180	180～250	250～315	315～400	400～500	—
最小间隙	0.069	0.079	0.090	0.101	0.111	0.123	—

2）零件加热温度应考虑零件的材料、结合直径、过盈量和热装的最小间隙等因素，可按下式确定

$$t = t_0 + (\delta + \Delta)/(\alpha_l D) \tag{2-2}$$

式中 t——加热温度（℃）；

δ——实际配合过盈量；

Δ——最小装配间隙；

D——结合直径（mm）；

t_0——环境温度（℃）；

α_l——材料线膨胀系数，见表2-7。

表2-7 α_l 值表 （单位：10^{-6}/℃）

材料		钢、铸钢	铸铁	可锻铸铁	铜	青铜	黄铜	铝合金	锰合金
α_l 值	加热	11	10	10	16	17	18	23	26
	冷却	-8.5	-8.6	-8.0	-14.4	-14.2	-16.7	-18.6	-21

3）加热方式按表2-5选取。

4）用油加热时，被加热零件必须全部浸没在油中，加热温度应低于油的闪点20～30℃。

5）零件加热到预定温度后，取出并立即装配，且应一次装到预定位置，中途不得停顿。

6）热装后一般应让其自然冷却，不应骤冷。

（3）冷装

1）冷装时的温度应控制合适。

2）冷装时的最小间隙与热装时的最小间隙相同，可按表2-6选取。

3）冷装时常用的冷却方式可按表2-5选取。

4）计算零件的冷却时间。

5）冷透零件取出后应立即装入包容件。

（4）液压套装

1）套装前，零件的配合表面应保持洁净，并涂以清洁的轻质润滑油。

2）开始时应慢速压入，当油压已达到设定值而行程未达到时，应暂停压入，待包容件逐渐扩大后再继续压入至规定行程。

3）对于圆锥面连接件，达到规定行程后，应先去除径向油压，后去除轴向油压，以防止包容件弹出。

4）拆卸时，油压应比套装时低。

5）对于圆锥面连接件，应严格控制压入行程，允差一般为±0.02mm。

6）装拆力估算

$$F_y \approx \pi d_m l_f p_y \ (\mu \pm 0.5C) \tag{2-3}$$

式中："＋"用于装入，"－"用于拆卸；

F_y——装拆力（N）；

d_m——配合面的平均直径（mm）；

l_f——配合长度（mm）；

p_y——装拆时的油压（MPa）；

μ——摩擦系数，由于有油膜，一般取$\mu = 0.02$；

C——配合面的锥度。

10. 划线工具

常用划线工具如图2-30所示。角尺如图2-31所示。样冲及用法如图2-32所示。划针用法如图2-33所示。划线方法如图2-34所示。

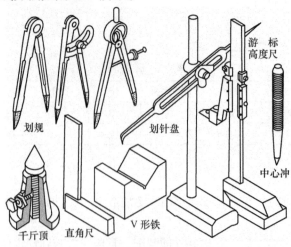

图2-30 常用划线工具

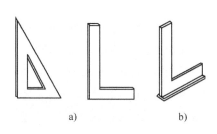

图 2-31 角尺
a）扁平角尺 b）带筋角尺

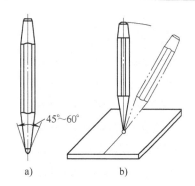

图 2-32 样冲及用法
a）样冲 b）样冲使用方法

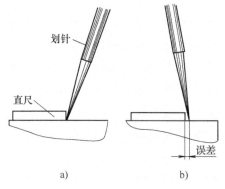

图 2-33 划针用法
a）正确 b）错误

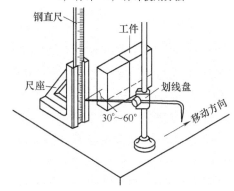

图 2-34 划线方法

（1）划线平板（平台） 划线平板可作为零件平面度、直线度等几何公差的测量基准，也可用于零件划线、研磨加工、设备安装等。划线平板如图 2-35 所示。

1）划线平板材质：高强度铸铁（HT250 以上），工作面硬度为 170~240HBW，经过 2 次人工处理（人工退火 600~700℃）或自然时效 2~3 年，精度稳定，耐磨性好。

2）划线平板规格：200mm×200mm 至 2000mm×4000mm。

3）划线平板精度：按国家标准分为 0、1、2、3 共 4 个等级。

（2）方箱 方箱用于零件平行度、垂直度的检验和划线。万能方箱用于检验或刻划精密工件的任意角度线，精度分为 1、2、3 共 3 个等级，规格有 100mm、160mm、200mm、250mm、300mm、350mm、400mm、500mm、600mm 等，如图 2-36 所示。

图 2-35 划线平板

图 2-36 方箱

1. 划针一般是用硬质合金与碳钢焊接后磨削而成，划针可以当样冲用吗？

2. 样冲和划针有何不同？

3. 如何利用废旧钻头或铰刀磨制样冲？

11. 分度头

分度头是用卡盘或顶尖和拨盘夹持工件并使之回转和分度定位的机床附件，主要用于铣床，也常用于钻床和平面磨床，还可放置在平台上供钳工划线用。万能分度头如图2-37所示。

（1）分度头作用

1）使工件绕本身轴线进行分度（等分或不等分），用于六方、齿轮、花键等需等分的零件。

2）使工件的轴线相对铣床工作台台面扳成所需要的角度（水平、垂直或倾斜），用来加工不同角度的斜面。

图2-37 万能分度头

3）在铣削螺旋槽或凸轮时，配合工作台移动使工件连续旋转。

（2）分度方法 例如分度 $z = 35$，每一次分度时手柄转过的转数为

$$n = 40/z = 40/35 = 1\frac{1}{7}$$

即每分度一次，手柄需要转过 $1\frac{1}{7}$ 转，这 1/7 转是通过分度盘来控制的。"40"为分度头蜗轮齿数与蜗杆头数之比。

一般分度头备有两块分度盘，分度盘两面有许多圈孔，各圈的孔数不等，但同一孔圈上孔距相等。第一块分度盘的正面各圈孔数分别为24、25、28、30、34、37；反面分别为38、39、41、42、43。第二块分度盘正面各圈孔数分别为46、47、49、51、53、54；反面分别为57、58、59、62、66。

分度时，分度盘固定不动，将分度盘上的定位销拔出，调整到孔数为7的倍数的孔圈上，即28、42、49均可。若选用42孔数，因 1/7 = 6/42，所以分度时，手柄转过一转后，再沿孔数为42的孔圈上转过6个孔间距。

为了避免每次数孔的烦琐及确保手柄转过的孔数可靠，可调整分度盘上的两块分形夹之间的夹角，使之等于欲分的孔间距数，这样分度就更加方便准确。

分度头中，蜗杆转动多少转蜗轮转一转？

12. 手锯

手锯是切割用手动工具，如图2-38所示。

（1）手锯构造 手锯由锯弓和锯条构成。锯弓用来安装锯条，它有可调式和固定式两种。固定式锯弓只能安装一种长度的锯条；可调式锯弓通过调整可

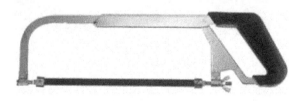

图2-38 手锯

以安装几种长度的锯条，并且其锯柄形状便于用力，所以被广泛使用。

（2）锯条选用　根据锯齿的牙距大小，锯条有细齿（1.1mm）、中齿（1.4mm）、粗齿（1.8mm），使用时应根据所锯材料的软硬、厚薄来选用。锯割软材料（如纯铜、青铜等）或较厚的材料应选用粗齿锯条；锯割硬或薄的材料（如工具钢、合金钢等）应选用细齿锯条。

一般地说，锯割薄材料时，在锯割截面上至少应有3个齿同时参加锯割，这样才能避免锯齿被钩住和崩断。

手锯在前推时才起切削作用，因此锯条安装应使齿尖的方向朝前，如果装反，则锯齿前角为负值，就不能正常锯割。在调节锯条松紧时，蝶形螺母不宜旋得太紧或太松。太紧锯条受力太大，在锯割中用力稍有不当，就会折断；太松则锯割时锯条容易扭曲，也易折断，而且锯出的锯缝容易歪斜。松紧程度可用手指扳动锯条，以感觉硬实即可。锯条安装后，要保证锯条平面与锯弓中心平面平行，不得倾斜和扭曲，否则，锯割时锯缝极易歪斜。手锯的使用如图2-39所示。

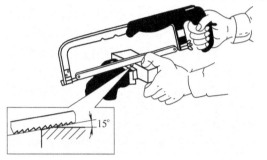

图2-39　手锯的使用

（3）工件夹持　工件一般应夹在台虎钳的左面，以便操作；工件伸出钳口不应过长，应使锯缝离开钳口侧面约20mm左右，防止工件在锯割时产生振动；锯缝线要与钳口侧面保持平行（使锯缝线与铅垂线方向一致）；夹紧牢靠，同时要避免将工件夹变形或夹坏已加工面。

（4）手锯握法　右手满握锯柄、左手轻扶在锯弓前端。

（5）锯割姿势　锯割时身体重心放在左脚，双脚站稳，摆动要自然。

（6）起锯方法　起锯是锯割工作的开始。起锯质量的好坏，直接影响锯割质量。起锯不正确，会使锯条跳出锯缝将工件拉毛或者引起锯齿崩断。起锯有远起锯和近起锯两种。起锯时，左手拇指靠住锯条，使锯条能正确地锯在所需要的位置上，行程要短，压力要小，速度要慢。起锯角约为15°。如果起锯角太大，则起锯不易平稳，尤其是近起锯时锯齿会被工件棱边卡住引起崩断）。但起锯角也不宜太小，否则，由于锯齿与工件同时接触的齿数较多，不易切入材料，多次起锯往往容易发生偏离，使工件表面锯出许多锯痕，影响表面质量。

（7）锯割压力　锯割运动时，推力和压力由右手控制，左手主要配合右手扶正锯弓，压力不要过大。手锯推出时为切削行程，应施加压力，返回行程不切削，不加压力作自然拉回。工件将断时压力要小。

（8）锯割运动和速度　锯割运动一般采用小幅度的上下摆动式运动。手锯推进时，身体略向前倾，双手压向手锯的同时，左手上翘、右手下压；回程时右手上抬、左手自然跟回。对锯缝底面要求平直的锯割，必须采用直线运动。锯割运动的速度一般为44次/min左右，锯割硬材料慢些，锯割软材料快些，同时锯割行程应保持均匀，返回行程的速度应相对快些。

一般情况下采用远起锯（锯齿不易卡住，起锯也方便）。如果用近起锯而掌握不好，锯齿会被工件棱边卡住，此时也可采用向后拉手锯作倒向起锯。起锯锯深2～3mm。正常锯割时应使锯条的全部有效齿在每次行程中都参加锯割。

锯条折断原因：

1）工件未夹紧，锯割时工件有松动。

2）锯条过紧或过松。

3）锯割压力过大或锯割突然用力偏离锯缝方向。

4）强行纠正歪斜的锯缝，或调换新锯条后仍然在原锯缝过猛地锯割。

5）锯割时锯条中间局部磨损，当拉长锯割时被卡住引起折断。

6）中途停止使用时，手锯未从工件中取出而碰断。

锯齿崩断的原因：

1）锯条选择不当，如锯薄板料、管子时用粗齿。

2）起锯时起锯角太大。

3）锯割过程中突然摆动过大或锯齿有过猛的撞击。

4）当锯条局部几个齿崩断后，应立即在砂轮机上进行修整，将相邻的 2~3 齿磨成凹圆弧，并把已断的齿部磨掉。如不立即处理，会使崩断齿的后面各齿相继崩断。

锯缝产生歪斜的原因：

1）工件安装时，锯缝线未能与铅垂线方向一致。

2）锯条安装太松或与锯弓平面扭曲。

3）使用锯齿两面磨损不均的锯条。

4）锯弓未扶正，使锯条偏离锯缝中心平面。

（9）安全知识

1）锯条安装松紧适当，锯割时不要突然用力过猛，防止工作中锯条折断并从锯弓中崩出伤人。

2）工件将锯断时，压力要小，避免压力过大使工件突然断开，手向前冲造成事故。一般工件将锯断时，要用左手扶住工件即将断开部分，避免掉下砸伤腿脚。

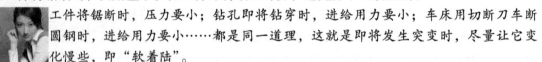

工件将锯断时，压力要小；钻孔即将钻穿时，进给用力要小；车床用切断刀车断圆钢时，进给用力要小……都是同一道理，这就是即将发生突变时，尽量让它变化慢些，即"软着陆"。

13. 锉刀

锉刀用碳素工具钢 T12 或 T13 制造，表面有许多细密刀齿、条形，工作部分淬火，用于锉光工件，如图 2-40 所示。

图 2-40　锉刀

锉刀按锉纹形式分为单纹锉和双纹锉。单纹锉的刀齿对轴线倾斜成一定角度，适于加工软质的有色金属；双纹锉刀的主、副锉纹交叉排列，用于加工钢铁或有色金属，能把宽的锉屑分成许多小段，使锉削轻快。

锉刀断面形状如图 2-41 所示。

锉刀使用注意事项：

1）不能用锉刀锉工件的氧化层或淬火工件，氧化层和淬火工件硬度大，容易损伤锉齿。氧化层可用砂轮磨去，或用凿子凿去。淬火工件可使用金刚石锉刀或将工件先作退火处理再进行加工。

2）用锉刀锉削工件时，不能加润滑剂和水，否则将引起锈蚀或锉削时打滑。

3）使用锉刀过程中，要经常用铜丝刷（或钢丝刷）顺锉齿纹的走向，刷去嵌入齿槽内的铁屑，使用完毕后，要仔细刷去全部铁屑，才能存放。

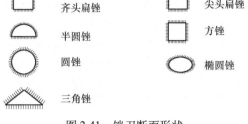

图 2-41　锉刀断面形状

齐头扁锉　　　　尖头扁锉
半圆锉　　　　　方锉
圆锉　　　　　　椭圆锉
三角锉

4）不能用锉刀当其他工具使用，进行敲、撬、压、扭、拉等工作。

5）运锉过程中，锉刀面要始终保持水平状态。锉刀往返的最佳频率为 40 次/min，锉刀的使用长度占锉齿面全长的 2/3。

锉削中尽量保持水平运动状态，前推锉刀前刀面在工件上时，左手稍用力，右手保持平衡。到后段，则右手用力，同时左手保持平衡。通过观察锉削纹路来判定锉削的效果，如采用交叉锉削，从纹理相互结合状态上可清楚看出锉削平面的加工情况，以便随时调整锉刀的用力方向和保持加工面的一致性。

6）存放锉刀时，不能产生碰撞，不能重叠堆放。存放处的湿度不能太大，要求干燥、通风。

14. 锉削的操作方法

（1）锉刀握法　正确握持锉刀有助于提高锉削质量。应根据锉刀的大小和形状，采用不同的握持方法。

1）大锉刀的握法：右手握锉刀柄，柄端顶在拇指根部的手掌上，大拇指放在锉刀柄的侧上方，其余手指由下而上握着锉刀柄，如图 2-42 所示。如用左手握锉，左手手掌横放在锉刀的前部上方，

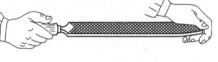

图 2-42　大锉刀的基本握法

拇指根部的手掌轻压在锉刀头上，其余手指自然弯向掌心。

2）中、小型锉刀的握法：由于锉刀尺寸小，本身强度不高，锉削时所施加的力不大，因此其握法与大锉刀不同。右手大拇指放在锉刀柄的侧上方，其余四指则从下面拖着并用力紧握着锉刀柄；左手持锉位置则根据锉削用力轻重而异，重锉时，左手大拇指的根部恰好放在锉尖上，其余四指弯放在下面；细锉时，左手除大拇指外将其余四指压在锉刀面上，较为灵活；极轻微的锉削时，可不用左手持锉刀，只用右手食指压在锉上面，如图 2-43 所示。

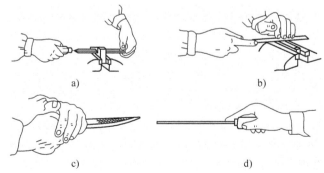

a)　　　　　　　　　　　b)

c)　　　　　　　　　　　d)

图 2-43　中、小型锉刀的握法

a）中型锉刀握法　b）小型锉刀握法　c）异形锉刀握法　d）整形锉刀握法

（2）锉削姿势　锉削姿势不仅关系到用力、疲劳和效率问题，而且直接影响加工质量。

锉削时，身体的重心放在左脚，右膝伸直，双脚始终站稳不动，靠左膝的屈伸做往复运动。锉的动作由身体和手臂运动合成。开始锉削时身体前倾斜10°左右，右肘尽可能收缩到后方。锉刀向前推进1/3时，身体前倾到15°左右，这时左膝稍弯曲。锉刀再推进1/3时，身体逐渐前倾至18°左右。最后1/3行程，用右手腕将锉刀继续推进，身体随着锉刀的反作用力退回到初始位置。锉削全程结束后，将锉刀略提起一些，把锉刀拉回，准备第二次锉削。如此反复进行，如图2-44所示。

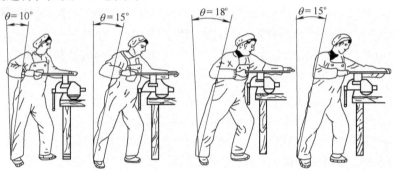

图2-44　锉削姿势

保证锉削表面平直的关键在于锉削力矩的平衡，即始终保持锉刀推进过程为平直运动。因此，推锉时两手用在锉刀上的力应随着锉刀的推进不断变化。即右手压力由大到小，左手压力由小到大，使两手压力对工件中心的力矩相等。用力以保持锉刀水平、不上下摆动为准，如图2-45所示。

锉削速度最好控制在30~40次/min，太快，容易疲劳，而且会加快锉齿的磨损。

（3）工件装夹　工件夹持不当易产生废品。夹持工件应注意以下几点：

1）工件应夹持在台虎钳中间，不要露出钳口太高，以免锉削时产生振动。

2）工件要夹紧，但不能夹变形。半成品工件应使用软钳口加以保护，如图2-46所示。

3）不规则工件应根据其特点加衬垫。轴类工件衬以V形块。薄板工件，可将其平钉在木块上，如图2-47所示。锉长薄板边缘时，可用两块三角铁或夹板夹紧后，再将夹板夹在虎钳上锉削。

（4）平面锉削方法

1）顺锉法：顺着同一方向对工件锉削。它是锉削的基本方法，其特点是锉纹顺直，较整齐美观，可使表面质量改善，如图2-48a所示。

2）交叉锉法：从两个方向交叉对工件进行锉

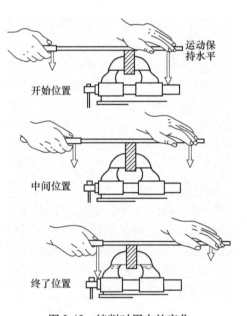

图2-45　锉削时用力的变化

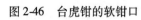

图2-46　台虎钳的软钳口

削。其特点是锉面上能显示出高低不平的痕迹，以便把高处锉去。用此法较易锉出准确的平面，如图2-48b所示。

3）推锉法：两手横握锉刀身，平稳地沿工件表面来回推动进行锉削。其特点是切削量少，降低了表面粗糙度值，一般用于锉削狭长表面，如图2-48c所示。

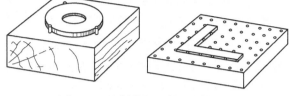

图2-47 锉削薄板工件的夹持方法

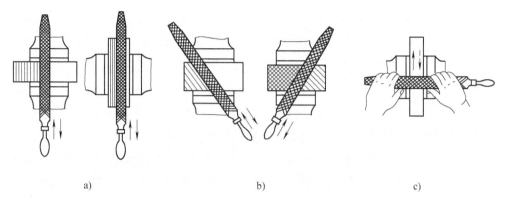

图2-48 平面锉削方法
a）顺锉法 b）交叉锉法 c）推锉法

不论哪种锉法，都应该在整个加工面均匀地锉削，每次抽回锉刀再锉时，应向旁边移动一些。

（5）平面锉削的检验方法

1）平面度的检验：锉削平面，常用刀口尺或钢直尺以透光法来检验其平直度。若钢直尺与工件表面间透过的光线微弱均匀，说明该平面平直；若透过的光线强弱不一，说明该平面高低不平，光线最强的部位是最凹的地方。检查平面应按纵向、横向、对角线方向进行，如图2-49所示。

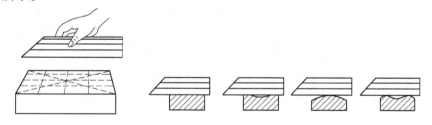

图2-49 平面度的检查

2）垂直度的检验：用直角尺进行检验时，将直角尺的短边轻轻地贴紧在工件的基准面，长边靠在被检验的表面，用透光法检验，要求与检查平面度相同，如图2-50a所示。直角尺不能斜放，否则检验是不准确的，如图2-50b所示。

（6）圆弧面的锉削方法 圆弧面分外圆弧面和内圆弧面两种。外圆弧面锉削用平锉，内圆弧面锉削用半圆锉或圆锉。

1）外圆弧面锉削：锉刀要完成两种运动，即前进运动和锉刀围绕工件的转动。两手运动的轨迹是两条渐开线。锉削外圆弧面有两种锉削方法。

①横圆弧锉法：将锉刀横对着圆弧面，依次序把棱角锉掉，使圆弧处基本接近圆弧的多边形，最后用顺锉法将其锉成圆弧。此方法效率高，适用于粗加工阶段，如图2-51a 所示。

②顺圆弧锉法：锉削时，锉刀在向前推的同时，右手把锉刀柄往下压，左手把锉刀尖往上提，这样能保证锉出的圆弧面无棱角、光滑，适用于圆弧面的精加工阶段，如图2-51b 所示。

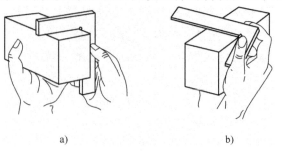

图 2-50　直线度的检验

a）正确　b）不正确

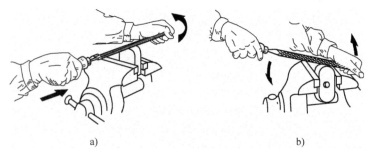

图 2-51　外圆弧面的锉削方法

a）横锉法　b）顺锉法

2）内圆弧面锉削：锉刀要同时完成三个运动，即前进运动；向左或向右移动（约半个到一个锉刀宽度）；围绕锉刀中心线转动（顺时针或反时针方向转动约 90°）。若只有前进运动，则圆孔不圆（图 2-52a）；若只有前进运动和向左或向右移动，则圆弧面形状也不正确（图 2-52b）。只有同时完成以上三个运动，才能把内圆弧面锉好，因为这样才能使锉刀工作面沿着工件的圆弧作圆弧形滑动锉削，如图 2-52c 所示。

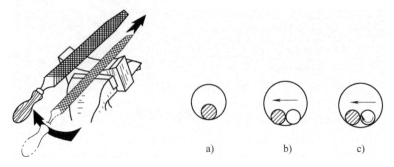

图 2-52　内圆弧面的锉削方法

（7）锉削注意事项

1）不使用无柄或裂柄的锉刀进行锉削。

2）锉屑要用毛刷清除，禁止用嘴吹除，以防止锉屑飞入眼睛。

3）不可用手摸锉刀面和锉削后的工件表面，以防止再锉时打滑，造成事故。

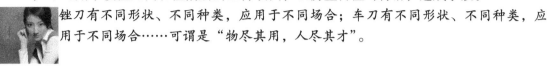

锉刀有不同形状、不同种类，应用于不同场合；车刀有不同形状、不同种类，应用于不同场合……可谓是"物尽其用，人尽其才"。

15. 划线思维训练

利用划线平板、方箱、游标高度尺、划针、圆规、样冲、直角尺等工具，如何在一块四边形钢板（两大平面已磨平）上划一个矩形？

方法一：划线平板、方箱、游标高度尺、四边形钢板。请给出划线步骤。

方法二：划线平板、方箱、游标高度尺、502 胶水、四边形钢板。请给出划线步骤。

方法三：分度头、游标高度尺、四边形钢板。请给出划线步骤。

方法四：（应用直径圆周角为直角原理）圆规、钢直尺、划针、四边形钢板。请给出划线步骤。

方法五：（应用垂直平分线原理）圆规、钢直尺、划针、四边形钢板。请给出划线步骤。

方法六：（应用圆弧切线原理）圆规、钢直尺、划针、四边形钢板。请给出划线步骤。

方法七：（应用勾股定理）圆规、钢直尺、划针、四边形钢板。请给出划线步骤。

方法八：划线平板、方箱 2 只、游标高度尺、四边形钢板。请给出划线步骤。

还有其他方法吗？请写出。

【拓展知识】

1. 螺柱断头取出方法

1）清除螺柱断头表面的污物，用角向磨光机将螺柱断头磨平，用样冲在断面的中心打眼，然后用电钻装上小钻头在断面中心眼位处钻孔，注意孔一定要钻透。孔钻透后，将小钻头取下，换上大钻头，继续将螺柱的孔扩大并钻透。

2）取小直径（如 φ3.2mm 以下）焊条，采用中小电流在螺柱的钻孔内由里到外进行堆焊，堆焊开始的部位取断螺柱整个长度的一半即可。开始堆焊时引弧不要过长，以免将断螺柱外壁烧穿。堆焊至断螺柱上端面后再继续堆焊出一个圆柱体。

3）堆焊后用锤子锤击其端面处，使断头螺柱沿其轴向产生振动。由于此前电弧产生的热量及随后的冷却再加上此时的振动会使断螺柱与机体的螺纹之间产生松动。

4）当发现敲击后有微量的铁锈从断口处漏出时，用合适的螺母（如 M18）套在堆焊的柱头上并将两者焊接。

5）焊接后趁热用梅花扳手套在螺母上左右来回扭动，或边来回扭动边用小锤子敲击螺母端面，即可将螺柱取出。

螺柱断头不易取出时能考虑用电脉冲的方法吗？

2. 铆接

铆接是使用比穿孔直径稍小的金属圆柱或金属管（铆钉），穿过需要铆合的工件，并对铆钉两端面敲击或加压，使金属柱（管）变形增粗并同时在两端形成铆钉头（帽），使工件不能从铆钉上脱出，在受到使工件分离的外力作用时，由钉杆、钉帽承受产生的剪切力，防止工件分离。

铆接的基本要求为：

1）铆钉的材料与规格尺寸必须符合设计要求。

2）铆接时不得损坏被铆接零件的表面，也不得使被铆接的零件变形。

3）除有特殊要求外，一般铆接后不得出现松动现象，铆钉的头部必须与被铆接零件紧密接触，并应光滑圆整。铆接的缺陷及预防措施见表2-8。

表2-8 铆接的缺陷及预防措施

缺陷形式	缺陷图示	产生原因	预防措施	消除方法
铆钉头四周未与铆接零件表面密合	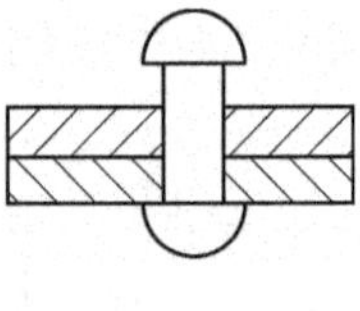	1）孔径过小或钉杆有毛刺 2）风压不够 3）预钉力量不够或未顶严	1）铆接前先检查孔径 2）引钉时消除钉杆毛刺和氧化皮 3）风压不足时停止铆接 4）开始铆接时小开风门	更换铆钉
铆钉头有一部分未与铆接零件表面密合	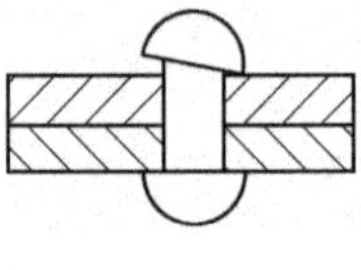	1）铆窝头偏 2）钉杆长度不够	1）风枪保持垂直 2）计算好钉杆长度	更换铆钉
零件被铆钉胀开	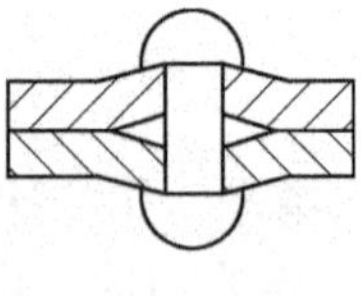	1）零件相互贴合不严 2）螺栓未紧固或松得太快 3）孔径过小	1）铆接前先检查零件是否贴合以及孔径大小 2）紧固螺栓及铆接后再拆除螺栓	更换铆钉
铆钉形成突头及刻伤板料	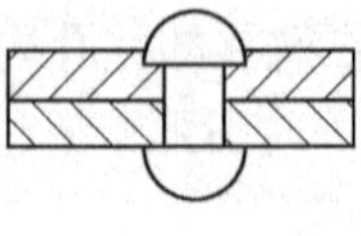	1）风枪放置不垂直 2）钉杆长度不足 3）铆窝头过大	1）焊接时风枪保持垂直 2）计算好钉杆长度 3）更换铆窝头	更换铆钉
铆钉杆在钉孔中弯曲	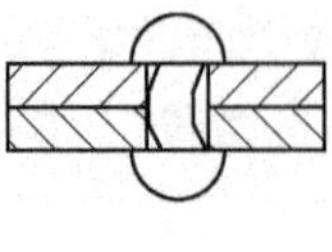	铆钉与钉孔配合间隙过大	1）选用适当的铆钉 2）开始铆接时小开风门	更换铆钉
铆钉头与镦头上有裂纹	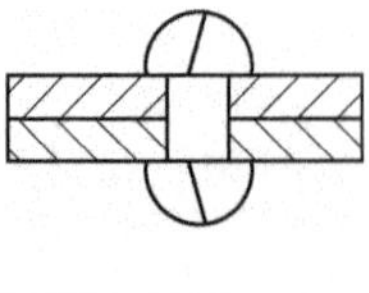	铆钉材料塑性不好	检查铆钉材质，试验铆钉的塑性	更换铆钉

（续）

缺陷形式	缺陷图示	产生原因	预防措施	消除方法
铆钉头周围有帽缘		1）钉杆太长 2）铆窝头太小 3）铆接时间过长	1）计算好钉杆长度 2）更换铆窝头 3）减少过多的打击	$a \geqslant 3\text{mm}$，$b \geqslant 1.5 \sim 3\text{mm}$ 时，更换铆钉
铆钉头过小，高度不够		1）钉杆较短或孔径过大 2）铆窝头过大	1）计算或按实际需要加长钉杆长度 2）更换铆窝头	更换铆钉
铆钉头上刻有伤痕		铆窝头击打在铆钉上	握紧风枪，防止跳动过高	更换铆钉
铆钉圆头位置偏移		顶钉位置不当	顶钉顶在铆钉与顶杆同一中心线上	偏心 $\geqslant 0.1d$ 时，更换铆钉
铆钉头不成半圆形		1）开始铆接时钉杆弯曲 2）未将钉杆镦粗	开始铆接时风枪放置垂直，小开风门，镦粗成圆头时，则大开风门	更换铆钉

思考 如何制作铆接头？

3. 抽芯铆钉

抽芯铆钉是一种单面铆接用铆钉，借助一个由里向外的力，通过拉动芯头来实现，如图2-53所示。抽芯铆钉需使用专用工具——拉铆枪（手动、电动、自动）进行铆接。抽芯铆钉特别适用于不便采用普通铆钉（需从两面进行铆接）铆接的场合，故广泛用于建筑、汽车、船舶、飞机、机器、电器、家具等行业的产品上。抽芯铆钉中以开口型扁圆头抽芯铆钉应用最广，沉头抽芯铆钉适用于表面需要平滑的铆接场合，封闭型抽芯铆钉适用于要求较高载荷和具有一定密封性能的铆接场合。图2-54所示为一种手动拉钉枪。

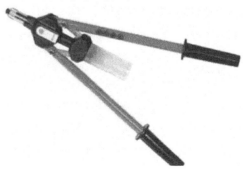

图 2-53　抽芯铆钉　　　　　　　　图 2-54　手动拉钉枪

抽芯铆钉应用于什么场合？

4. 粘接

借助胶粘剂在固体表面上所产生的粘合力，将同种或不同种材料牢固地连接在一起的方法。

5. 焊接

焊接是一种以加热方式接合金属或其他热塑性材料如塑料的制造工艺及技术。焊接通过下列 3 种途径达成接合的目的：

加热欲接合的零件使之局部熔化形成熔池，熔池冷却凝固后接合，必要时可加入熔填物如熔点较低的焊料；无需熔化零件本身，借焊料的毛细作用连接零件（如软钎焊、硬焊）；在相当于或低于零件熔点的温度下辅以高压、叠合挤塑或振动等使两零件间相互渗透接合（如锻焊、固态焊接）。

依具体的焊接工艺，焊接可分为气焊、电阻焊、电弧焊、感应焊及激光焊等。

要焊接两个壁厚相差很大的零件如何解决？

【技能训练】

■任务

将图 2-55 所示轴零件和图 2-56 所示套零件连接成如图 2-57 所示的轴套连接体。图 2-58 所示为轴套连接体的尺寸。

■分析与实践

图 2-55　轴零件

图 2-56　套零件

（1）划线、打眼

划线工具（划线平板、划针、圆规、卡钳、样冲、铁锤）。

分度头、方箱。

游标卡尺、游标高度尺。

（2）钻孔、钻沉孔

钻头、砂轮机、台钻、平口钳、毛刷、油枪。

钻孔、钻沉孔。

倒角。

（3）攻螺纹、装螺钉

图 2-57　轴套连接体

丝锥、攻丝架、圆板牙、圆板牙架。

台虎钳。

（4）装圆柱销

钻孔。

铰孔。

装圆柱销。

（5）装圆锥销

钻孔。

用圆锥铰刀铰锥孔。

装圆锥销。

（6）锯削

锯弓、锯条。

（7）锉削

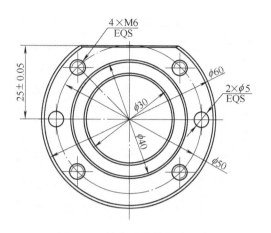

图 2-58 轴套连接体尺寸要求

平锉、圆锉、半圆锉、三角锉、整形锉。

■教师检验、点评与评分

螺纹联接质量评分表见表 2-9。

表 2-9 螺纹联接质量评分表

考核内容	考核要求	配分	得分
5S 规范	符合 5S 规范	5 分	
划线、打眼	划线方法正确，划线准确，打眼对正位置	10 分	
钻孔	能磨削钻头，钻头装夹正确，钻孔开始时能对正位置，钻孔过程中出屑正常，孔快钻穿时放慢进给速度	15 分	
攻螺纹	攻螺纹垂直度好，攻螺纹过程中加机械油，丝锥铰杠左右用力平衡，丝锥进给用力大小合适	10 分	
装螺钉	正确使用螺纹工具，拧紧顺序正确，预紧力合适	10 分	
装圆柱销	铰孔正确，装圆柱销用力合适	10 分	
装圆锥销	铰孔正确，锥孔与圆锥销配合在 80 % 以上，装圆锥销用力合适	10 分	
锯削	锯条安装正确，锯削手势正确，用力合适	10 分	
锉削	锉刀选择正确，锉削手势正确，用力合适	10 分	
安全	穿戴整齐，劳动保护正确，遵守操作规程，有预防措施	10 分	
总 计		100 分	

注：安全不及格，则本次实践成绩评定为不及格。

【课外作业】

一、填空题

1. 常用的钻头主要有＿＿＿＿＿、中心钻、深孔钻和套料钻等。

2. 同一零件用多个螺钉或螺栓紧固时，各螺钉或螺栓需按一定＿＿＿＿＿逐步拧紧，如有

_____应从靠近_____的螺钉或螺栓开始。

3. 常用防松方法有双螺母法、防松螺母法、_____、_____和_____等。

二、判断题

1. 钻头修磨时应尽量保证顶角118°。

2. 钻孔时作业人员必须穿适当的衣服，戴手套。

3. 对于一般无预紧力要求的螺纹联接，可使用普通扳手拧紧，但不能随意给扳手套上管子加大扳手柄长。

4. 不能用锉刀当其他工具使用，进行敲、撬、压、扭、拉等工作。

三、选择题

1. 不是防松方法的是（   ）。

（A）焊接   （B）双螺母   （C）打胶   （D）加止动垫圈

2. 锉刀可锉去（   ）。

（A）毛刺   （B）铁锈   （C）污物   （D）淬火工件

3. 锯缝产生歪斜的原因是（   ）。

（A）锯割时突然用力过猛   （B）锯条安装太松或与锯弓平面扭曲

（C）使用锯齿两面磨损不均的锯条   （D）锯弓未扶正，使锯条偏离锯缝中心平面

4. 方箱可用于（   ）。

（A）零件平行度检测   （B）零件垂直度检验

（C）划线   （D）临时放零件打眼

四、简答题

1. 整理本任务的主要知识点、技能点。

2. 重要的螺纹联接如何控制预紧力？

3. 简述划线要点。

4. 简述攻螺纹、套螺纹要点。

【阅读材料】

榫卯结构
邓志华（金华职业技术学院）

榫卯（sǔnmǎo），是一种在两个木构件上采用的凹凸结合的连接方式。凸出部分叫榫（或榫头），凹进部分叫卯（或榫眼、榫槽），如图 2-59 所示。这是我国古代建筑、家具及其他木制器械的主要结构方式。

图 2-59　榫卯结构

榫卯是古代中国人极为精巧的发明，我们的祖先很早就开始使用，这种不用钉子的构件连接方式，使得中国传统的木结构成为超越了当代建筑排架、框架或者刚架的特殊柔性结构体，不但可以承受较大的荷载，而且允许产生一定的变形，在地震荷载下通过变形吸收一定的地震能量，减小结构的地震响应。

榫卯就像隐藏在两块木头里的灵魂，当古代的工匠将多余的部分凿掉后，两块木头便会紧紧地互相握着，不再分开。

理论上，一个方向的榫卯组合，嵌接的部分在毫无干扰的情况下，也许10年，也许15年，在大自然作用力的牵引下，便会自动松脱，这是木材所含的水分受到这些作用力影响的结果，就如潮汐涨退的道理一样。然而，当多个榫卯结构由不同的方向嵌接，张紧与松脱的作用力便会互相抵消。无数的榫卯组合在一起，就会出现极其复杂微妙的平衡。

榫卯技术在宋代达到巅峰，一整栋大型宫殿的成千上万个构件，不用一枚钉就能紧紧扣在一起，实在妙不可言、叹为观止。当榫卯构件受到更大的压力时，就会变得更牢固。古老的木构建筑可以经历多次地震之后依然安然无恙，除了由于木材的强延展力之外，还有一个个的榫卯在挽手维系着。

1937年，中国近代研究传统建筑的先驱梁思成教授，经过长途跋涉，几经艰辛，在山西五台山找到一座简练古朴的庙宇。这座兴建于唐代大中十一年（公元857年）的佛光寺已经在山野丛林中静候了一千多年，梁柱间的榫卯结构还像当初一样互相紧扣，不离不弃。

据说法国埃菲尔铁塔内那些庞大如车轮的钢铁螺栓、螺母要定期重新拧紧，否则就会因为温差关系而自动松脱；如果弃用螺栓改为焊接的话，整个金属塔架便会因为金属的不规则膨胀而扭曲倒塌。可见现代钢铁结构也未必具备榫卯结构那样的千年持久力。

螺旋的发明

杨小华（丽水职业技术学院）

螺旋是6种最基本的机械之一，螺旋是怎么发明的？

阿基米德是古希腊数学家。他42岁时（大约公元前235年）就已是西西里著名的发明家和数学家，发现了若干数学原理，其中有杠杆原理、圆周率、比重和浮力原理。阿基米德还根据这些原理发明了一些杀伤力极强的武器，在罗马海军侵略古希腊城市叙拉克时，这些武器充分发挥了作用。公元前235年，阿基米德在去埃及途中碰到一个新难题：他发现当地人在沟中取水，将水一桶一桶地提到田里浇灌庄稼。这种方法既慢又费力。能找到更好的办法使水源源不断地从水沟流到田里吗？这个问题对阿基米德来说似乎既简单又复杂。他像以前一样从数学的角度思考问题。他发现从一个斜面取水远比沿垂直方向取水省力得多。于是，他开始研究不同形状的斜面。螺旋形——一种环绕中心圆柱的斜面，就是该研究内容之一。

没有历史学家记录阿基米德这一想法的产生过程及实验过程。他决定把螺旋状物装入圆筒里，这样螺旋体的边棱就会和筒内壁摩擦。经过反复试验，阿基米德发现，如果把可旋转的螺旋体装入圆筒，将圆筒倾斜一定的角度，那么这螺旋体就具有水泵的功效。只要水管的角度适度，确保轮叶每一转的最低点都低于下一转的最高点，水流就不会顺着旋体倒流。阿基米德用手柄转动螺旋体时，尽管水流有倒流的趋势，但还是顺管而上。阿基米德发明的螺旋汲水器既能汲水又不费气力。螺旋汲水器被认为是一种神奇的发明，在地中海地区广泛使用。

众所周知，螺旋汲水器早就被水轮、风车、动力泵（先是蒸汽动力泵，然后是电力泵，接着是内燃机泵）所取代。

但是，阿基米德的螺旋原理意义重大而深远。

任务 2.3　键联接装配

【实训器材】

轴类零件、套类零件。

钳工工作台。

多规格平键。

手锯、锉刀、铜棒。

【基础知识】

1. 键联接的类型

键是常用的标准件，分为平键、半圆键、楔键和切向键等。设计时应根据各类键的结构和应用特点进行选择。

2. 平键联接

平键的两侧面是工作面，上表面与轮毂槽底之间留有间隙（图 2-60a）。工作时，靠键与键槽的互相挤压传递转矩。常用的平键有普通平键、导向平键和滑键 3 种。普通平键的端部形状可制成圆头（A 型，图 2-60b）、方头（B 型，图 2-60c）或单圆头（C 型，图 2-60d）。圆头键的轴槽用（立式）键槽铣刀加工，键在槽中固定良好；方头键轴槽用（盘形）槽铣刀加工，键卧于槽中用螺钉紧固；单圆头键常用于轴端。

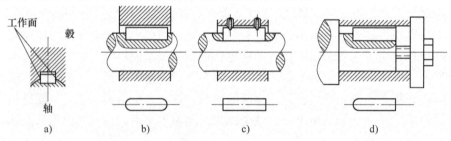

图 2-60　平键类型

a）平键工作面　b）圆头　c）方头　d）一端圆头、一端方头

导向平键和滑键都用于动联接。按端部形状，导向平键分为圆头（A 型）和方头（B 型）两种。导向平键一般用螺钉固定在轴槽中，导向平键与轮毂的键槽采用间隙配合，轮毂可沿导向平键轴向移动。为了装拆方便，键中间设有起键螺孔。导向平键适用于轮毂移动距离不大的场合（图 2-61）。当轮毂轴向移动距离较大时，可将滑键固定在轮毂上，滑键随轮毂一起沿轴上的键槽移动，故轴上应铣出较长的键槽。滑键结构依固定方式而定，图 2-62所示是两种典型结构。

3. 半圆键联接

半圆键联接如图 2-63a、b 所示。半圆键的两侧面为工作面，其工作原理与平键相同，即工作时靠键与键槽侧面的挤压传递转矩。轴上的键槽用盘形槽铣刀铣出，键在槽中能绕键的几何中心摆动，可以自动适应轮毂上键槽的斜度。半圆键联接制造简单，装拆方便，缺点是轴上键槽较深，对轴削弱较大，适用于载荷较小的联接或锥形轴端与轮毂的联接（图2-63c）。

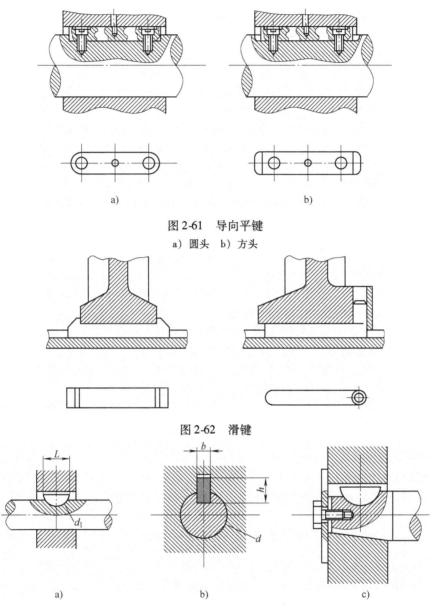

图2-61　导向平键

a）圆头　b）方头

图2-62　滑键

图2-63　半圆键

1. 半圆键应用于哪些场合？

2. 应用半圆键有何好处？

4. 楔键联接和切向键联接

楔键联接用于静连接。楔键的上下面是工作面（图2-64），键的上表面有1:100的斜度，轮毂键槽的底面也有1:100的斜度，装配时将键打入轴槽和毂槽内，其工作面上产生很大的预紧力F_n，工作时，主要靠摩擦力fF_n（f为接触面间的摩擦系数）传递转矩T，并能承受单方向的轴向力。

楔键分为普通楔键和钩头楔键两种（图2-65）。普通楔键有圆头（A型）、方头（B型）或单圆头（C型）3种。钩头楔键的钩头用于拆键。

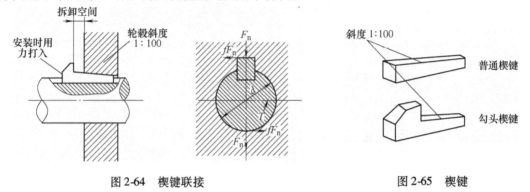

图2-64　楔键联接　　　　　　　　　　　　图2-65　楔键

由于楔键打入时迫使轴和轮毂产生偏心，因此楔键仅适用于定心精度要求不高、载荷平稳和低速的联接。

切向键由一对楔键组成（图2-66），装配时，将两键楔紧。键的两个窄面是工作面，其中一个面在通过轴线的平面内，工作面上的压力沿轴的切线方向作用，能传递很大的转矩。当双向传递转矩时，需用两对切向键并分布成120°～130°。

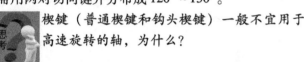

楔键（普通楔键和钩头楔键）一般不宜用于高速旋转的轴，为什么？

5. 键的装配要点

（1）松键联接的装配

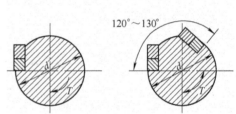

图2-66　切向键

1）装配前清理键和键槽的锐边、毛刺，以防止装配时造成过大的过盈量，保证键与键槽能精密贴合。

2）对重要的键联接，装配前应检查键的直线度、键槽对轴线的对称度和平行度。

3）对普通平键、导向平键，用键头与轴槽试配松紧，应能使键紧紧地嵌在轴槽中。

4）锉配键长，在键长方向，键与轴槽应有0.1mm左右的间隙。

5）在配合面上涂润滑油，用铜棒或台虎钳（钳口上应加铜皮垫）将键压装在轴槽中，使之与槽底面良好接触。

6）试配并安装套件，安装套件时要用塞尺检查非配合面间隙，以保证同轴度，套件在轴上不得有周向摆动，以免工作时引起冲击和振动。

7）对于滑动键，装配后应滑动自如，但不能摇晃，以免引起冲击和振动。

（2）紧键联接的装配

1）去除键与键槽的锐边、毛刺。

2）将轮毂装在轴上，并对正键槽。

3）键上和键槽内涂润滑油，用铜棒将键打入，两侧要有一定的间隙，键的底面与顶面要紧贴。

4）配键时，用涂色法检查斜面的接触情况，若配合不好，用锉刀、刮刀修整键或键槽。

5）若是钩头紧键，不能使钩头贴紧套件的端面，必须留有一定的距离，以便拆卸。

（3）花键联接的装配

1）静联接的装配要点：检查轴、孔的尺寸是否在允许过盈的范围内；装配前清除轴、孔锐边和毛刺；装配时用铜棒等软材料轻轻打入，但不得过紧，否则会拉伤配合表面；过盈量较大时，可将内花键加热（80～120℃）后再进行装配。外花键（花键轴）如图 2-67 所示。

2）动联接的装配要点：检查轴、孔的尺寸是否在允许的间隙范围内；装配前清除轴、孔锐边和毛刺；用涂色法修正各齿间的配合，直到内花键在轴上能自由滑动，没有阻滞现象，但不应有径向间隙感觉；内花键孔径若有较大缩小现象，可用花键推刀修整。内花键（花键孔）如图 2-68 所示。

图 2-67 外花键（花键轴）

图 2-68 内花键（花键孔）

 花键配合有何优点？一般应用于什么场合？

【拓展知识】

1. 立铣刀

立铣刀的主切削刃在圆柱面上，端面上的切削刃是副切削刃。没有中心刃的立铣刀工作时不能沿着铣刀的轴向做进给运动。立铣刀的刀柄有直柄和锥柄两种，如图 2-69、图 2-70 所示。

图 2-69 直柄立铣刀

图 2-70 锥柄立铣刀

标准立铣刀有粗齿、中齿和细齿 3 种。切削部分的材料为高速工具钢，柄部为 45 钢。

2. 半圆键槽铣刀

半圆键槽铣刀用于加工半圆键槽。刀齿有直齿和交错齿两种，其中交错齿的端刃开有后角，如图 2-71、图 2-72 所示。

图 2-71　直齿半圆键槽铣刀

图 2-72　交错齿半圆键槽铣刀

交错齿半圆键槽铣刀采取交错齿有何好处？

3. 键槽拉刀

键槽拉刀是用来拉削孔的键槽的拉刀，如图 2-73 所示。

图 2-73　键槽拉刀

4. 花键拉刀

花键拉刀是用来拉削内花键（花键孔）的拉刀。图 2-74 所示为一种矩形花键拉刀。

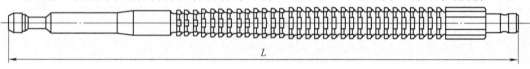

图 2-74　矩形花键拉刀

5. 拉床

拉床是一种金属切削机床，用来加工圆孔、方孔、异形孔、花键或键槽。加工时，一般工件不动，拉刀做直线运动切削。按加工表面不同，拉床可分为内拉床和外拉床。内拉床（图 2-75）用于拉削内表面，如内花键、方孔等。工件贴住端板或安放在平台上，传动装置

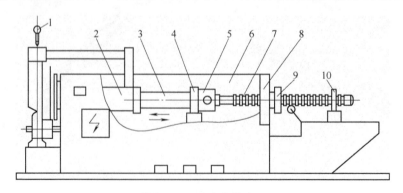

图 2-75　卧式内拉床

1—压力表　2—液压缸　3—活塞杆　4—随动支承　5—刀夹　6—床身　7—拉刀
8—支承　9—工件　10—拉刀尾部支承

带着拉刀做直线运动，并由主溜板和辅助溜板接送拉刀。内拉床有卧式和立式之分。前者应用较普遍，可加工大型工件，占地面积较大；后者占地面积较小，但拉刀行程受到限制。

【技能训练】

■任务

分小组进行轴类零件、套类零件的平键装配，每组 5~6 人，每人装配 1 套。

■分析与实践

1) 整理场地。

2) 领材料、工具、量具。

3) 熟悉图样中键槽的要求。

4) 小组讨论并制定平键联接装配工艺。

5) 教师示范后学生独立进行平键联接装配作业。学生独自测量键槽的尺寸，根据键槽尺寸选择平键的规格，手工锯削平键长度，锉削，修配，装配。

■教师检验、点评与评分

平键联接装配质量评分表见表 2-10。

表 2-10　平键联接装配质量评分表

考核内容	考 核 要 求	配分	得分
5S 工作	符合 5S 规范	10 分	
理论知识	熟悉平键知识，了解平键联接要求，制定平键联接工艺，工具准备齐全合理	30 分	
实际操作	按工艺卡要求作业，作业规范，工具、量具使用正确。平键与键槽配合良好	40 分	
装配质量检验	平键联接精度高	10 分	
安全工作	穿戴整齐，劳动保护正确，遵守操作规程，有预防措施	10 分	
总　　　　计		100 分	

注：安全不及格，则本次实践成绩评定为不及格。

【课外作业】

一、填空题

1. 键分为平键、_____、楔键和切向键等。

2. 平键的两侧面是_____，上表面与轮毂槽底之间留有_____。

二、判断题

1. 对于滑动键，装配后应滑动自如，但不能摇晃，以免引起冲击和振动。

2. 半圆键的两侧面为工作面。

3. 花键配合是间隙配合。

三、选择题

1. 常用的平键有（　　　）。

（A）普通平键　　（B）导向平键　　（C）滑键　　（D）普通楔键

2. 拉床不能加工（　　　）。

（A）圆孔　　　　（B）方孔　　　　（C）螺孔　　　（D）花键孔

四、简答题

1. 整理本任务的主要知识点、技能点。

2. 简述平键的装配要点。

3. 如何测量键槽的对称度偏差?

【阅读材料】

轴线找正器

杨绍荣（金华职业技术学院）

在立式铣床上对轴类零件铣键槽是一种常见加工,铣键槽时最难的工序是如何将铣刀快速精确地找正待加工轴类零件的轴线。轴线找正器能解决这一问题。

轴线找正器如图 2-76 所示,主要由锥度芯轴、底座、螺钉 I、百分表、表座、立板、对中块、螺钉 II、螺钉 III、丝杠和卡簧构成。锥度芯轴的锥度与铣床主轴的内孔锥度配合,锥度芯轴的上端中心有一螺孔用来与拉杆联接。锥度芯轴的下端与底座固连。底座上有丝杠座。丝杠插入丝杠座上的圆孔并用卡簧做轴向固定。对中块有面 I、螺孔 IV 和面 II,面 I 和面 II 平行,对中块的 T 形结构与底座的宽度方向 T 型槽配合且能自由滑动,对中块装入底座的宽度方向 T 型槽后,面 I 和面 II 关于过锥度芯轴的轴线的平面对称。立板的 T 形结构与底座的长度方向 T 型槽配合。表座的 T 形结构与立板的 T 型槽配合,立板的 T 型槽与面 I、面 II 平行。立板有螺孔 III,螺孔 III 与螺钉 III 配合。表座有螺孔 I、百分表安装孔和螺孔 II,螺孔 I 与螺钉 I 配合,螺孔 II 与螺钉 II 配合,百分表安装在百分表安装孔上并用螺钉 II 固定。

使用时,将轴线找正器的锥度芯轴装入立式铣床的主轴锥孔并用拉杆将锥度芯轴拉紧,将对中块装入底座的宽度方向 T 型槽内,将丝杠旋入对中块的螺孔 IV,旋动丝杠调节对中块在底座上的位置,用扳手手工旋动立式铣床的主轴,使面 I 和面 II 平行于立式铣床工作台的左右走向,旋松两只螺钉 I,上下移动两只表座,使两只百分表基本等高,然后旋紧两只螺钉 I。旋松两只螺钉 III 和两只螺钉 II,根据轴类零件的直径大小,调节左右两块立板的左右位置和左右两只百分表的上下位置,如有必要可以在面 I、面 II 与两只百分表的触头之间各放

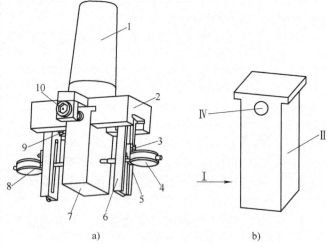

图 2-76 轴线找正器

a) 结构图 b) 对中块

1—锥度芯轴 2—底座 3—螺钉 I 4—百分表 5—表座 6—立板
7—对中块 8—螺钉 II 9—螺钉 III 10—丝杠

置一块相同厚度的块规,使两只百分表的触头分别接触于面 I 和面 II 或块规的两个朝外侧面,使两只百分表各有一定的读数后将读数归零,然后旋紧螺钉 III 和螺钉 II,将立板和百分表固定,此时两只百分表的读数仍然均为零,固定立式铣床工作台的前后走向。

旋动丝杠,将对中块从底座的宽度方向 T 型槽内取出,在铣床的工作台上安装待加工

的轴类零件，使轴类零件平行于立式铣床工作台的左右走向，左右上下移动铣床的工作台，使两只百分表的读数相等，即表明此时铣床的主轴锥孔的轴线正对于轴类零件的轴线。

松开并取出拉杆，取下轴线找正器，将铣床刀轴装入立式铣床的主轴锥孔，在刀轴上装入相应的立铣刀，用拉杆拉紧，进行加工即可。

任务 2.4　销联接装配

【实训器材】

工作台、工具、夹具。

台钻、钻头。

划线平板、高度划线尺、V 形铁、样冲。

轴类零件、套类零件。

Q235 钢板或 45 钢板（120mm×100mm×20mm，2 件）。

圆柱销、圆锥销、铰刀、圆锥铰刀。

【基础知识】

1. 铰刀

铰刀有多个刀齿，用于切除已加工孔内表面薄层金属。铰刀刀齿有直刃和螺旋刃之分，是精加工刀具，用于扩孔或修孔。

铰削是加工工件上已钻削（或需扩孔）的孔，主要是为了提高孔的加工精度，降低其表面粗糙度值。铰削用于孔的精加工和半精加工，加工余量一般很小。

铰刀分类：

按使用方法分，可分为机用铰刀和手用铰刀。

按加工孔的形状分，可分为圆柱孔铰刀、圆锥孔铰刀和阶梯孔铰刀。

按构造形式分，可分为整体式铰刀和分体式铰刀。

按刀具材料分，可分为碳素工具钢铰刀、合金钢铰刀、高速工具钢铰刀和硬质合金铰刀。

按刃口分，可分为有刃铰刀和无刃铰刀。

按铰刀齿形分，可分为直齿铰刀和螺旋齿铰刀。

一般铰刀的刃倾角为 0°，但适当的刃倾角能使切削过程平稳，提高铰孔质量。在铰削韧性较大的材料时，可在铰刀的切削部分磨出 15°～20°刃倾角，这样可使铰削时切屑向前排出，不至于划伤已加工表面。在加工不通孔时，可在这种带刃倾角的铰刀前端开出一较大的凹坑，以容纳切屑。

思考

螺旋齿铰刀有何优点？

2. 锥柄铰刀与圆锥铰刀

锥柄铰刀（图 2-77）的刀柄是带锥度的，为便于与机床主轴孔连接，锥柄锥度通常为莫式锥度。

圆锥铰刀（图 2-78）用于相同锥度定位销孔的铰削，如 1∶50、1∶30、1∶10 锥度定位销孔的铰削。

图 2-77 锥柄铰刀

图 2-78 圆锥铰刀

3. 销的装配要点

（1）圆柱销的装配

1）圆柱销一般依靠少量过盈固定在孔中，所以装配前要检查销与销孔是否有合适的过盈量，一般过盈量在 0.1mm 左右为宜。

2）为保证联接质量，将联接件两孔一起钻、铰。

3）装配时，销上涂润滑油。

4）装入时，用软金属垫在销子端面上，然后用锤子将销轻轻打入孔中。

5）在打不通孔的销前，先用带切削锥的铰刀最后铰到底，同时在销外圆表面上用油石磨一通气平面，否则会由于空气排不出，而使销打不进去。

（2）圆柱销取出方法

1）先分析从哪一头敲打。

2）观察并测量该头有没有变形涨大。

3）若该头外露较长并变形涨大，将变形涨大部分锯去、磨去或锉掉，用铜棒敲打至该头与被联接处齐平，然后找比圆柱销外径稍小的钢筋对正后敲打。

4）若该头变形涨大并与被联接处基本齐平，先磨平或锉平，用样冲在圆柱销中心打一小孔，用有尖头的钢筋对正后敲打。

（3）圆锥销的装配

1）在装配圆锥销前，应将被联接件的两孔一起钻、铰。

2）边铰孔，边用锥销试测孔径，以销能自由插入销长的 80% 为宜。

3）销锤入后，销的大头一般以露出零件表面不超过倒棱值或与之齐平为宜。

4）不通锥孔内应装带有螺孔的锥销，以免取出困难。

4. 圆柱销和圆锥销的拆卸

如图 2-79 所示，在圆柱销或圆锥销上打孔、攻螺纹，找一个合适的套放在圆柱销或圆锥销上，在圆柱销或圆锥销的螺孔内旋入合适的外六角或内六角螺钉，持续旋入，直到把圆柱销或圆锥销拔出，如图 2-80 所示。

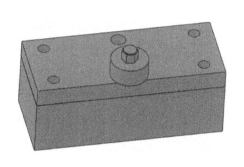

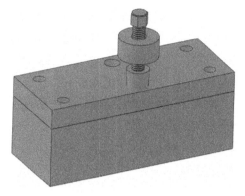

图 2-79　拔圆柱销或圆锥销的方法　　　　图 2-80　圆柱销或圆锥销被拔出时的情形

1. 圆柱销和圆锥销起什么作用？
2. 哪些场合最好用圆柱销？哪些场合最好用圆锥销？哪些场合既可以用圆柱销也可以用圆锥销？

讨论

【拓展知识】

1. 圆柱销

圆柱销多用优质碳素结构钢或不锈钢为原料制造。一般情况下须进行热处理。高强度要求下选用轴承钢。

圆柱销主要用于定位，也可用于联接，依靠少量过盈固定在销孔内。圆柱销用于定位时通常不受载荷或者受很小的载荷，数量不少于 2 个，分布在被联接件整体结构的对称方位上，相距越远越好，销在每一被联接件内的长度约为其直径的 1~2 倍。

圆柱销有普通圆柱销、内螺纹圆柱销、螺纹圆柱销、带孔销、弹性圆柱销等几种。图 2-81 所示是一种外螺纹圆柱销。

2. 圆锥销

圆锥销有 1:50 的锥度，装拆比圆柱销方便，多次装拆对联接的紧固性及定位精度影响较小，因此应用广泛。图 2-82 所示是一种内螺纹圆锥销。

图 2-81　外螺纹圆柱销　　　　　　　　图 2-82　内螺纹圆锥销

定位销的销孔（圆柱销或圆锥销）要垂直于结合面，若不垂直，则定位销很难保证定位关系。

【技能训练】

■任务

分小组进行轴类零件、套类零件的圆柱销或圆锥销装配，每组 5~6 人，每人装配 1 套。

■分析与实践

1）整理场地。

2）领材料、工具、量具。

3）熟悉图样中圆柱销或圆锥销的要求。

4）小组讨论并制定圆柱销或圆锥销装配工艺。

5）教师示范后学生独立进行圆柱销或圆锥销装配作业，学生独自选择圆柱销或圆锥销，独自选择钻头和铰刀，钻孔，铰孔，装配。

■教师检验、点评与评分

圆柱销或圆锥销装配质量评分表见表 2-11。

表 2-11　圆柱销或圆锥销装配质量评分表

考核内容	考 核 要 求	配分	得分
5S 工作	符合 5S 规范	10 分	
理论知识	熟悉圆柱销或圆锥销知识，了解圆柱销或圆锥销装配要求，制定圆柱销或圆锥销工艺，工具、量具准备齐全合理	30 分	
实际操作	按工艺卡要求作业，作业规范，工具、量具使用正确	40 分	
装配质量检验	圆柱销或圆锥销定位精度高	10 分	
安全工作	穿戴整齐，劳动保护正确，遵守操作规程，有预防措施	10 分	
总　　　计		100 分	

注：安全不及格，则本次实践成绩评定为不及格。

【课外作业】

一、填空题

1. 铰刀用于孔的_____和_____，加工余量一般_____。

2. 圆锥销装配时应边铰孔，边用锥销试测孔径的大小，以锥销能自由插入销长的_____为宜。

二、判断题

1. 一般铰刀的刃倾角等于 0°。

2. 圆柱销装配是过盈配合，一般过盈量在 0.01mm 左右为适宜。

3. 在打入不通孔的销前，应在销外圆表面上用油石磨一通气平面，否则会由于空气排不出，而使销打不进去。

三、选择题

1. 铰刀按加工孔的形状分，可分为（　　）。

（A）圆柱孔铰刀　　（B）高速工具钢铰刀　　（C）圆锥孔铰刀　　（D）阶梯孔铰刀

2. 圆柱销的装配中不正确的步骤是（　　）。

（A）圆柱销装配前检查销与销孔是否有合适的过盈量。

（B）为保证联接质量将两联接件一起钻孔，然后将两联接件分别铰孔。

（C）装配时，销上涂润滑油。

（D）装入时用软金属垫在销端面，然后用锤子将销轻轻打入孔中。

四、简答题

1. 整理本任务的主要知识点、技能点。

2. 简述圆柱销的装配要点。

3. 如何拆卸圆锥销？

【阅读材料】

圆锥销与锥孔接触精度的提高

卢云峰（浙江嘉禾工具有限公司）

在机床制造业中，经常采用圆锥销联接。这种联接方式，圆锥销与锥孔的接触精度的高低，直接影响装配后的精度。过去，车床行检组曾几次来我公司对圆锥销与锥孔接触精度进行检查，其结果不符合国家规定的要求。存在以下 3 种情况：圆锥销大头与锥孔大头接触（图 2-83a），圆锥销中间与锥孔中间接触（图 2-83b），圆锥销小头与锥孔小头接触（图 2-83c）。

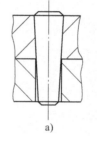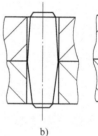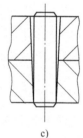

图　2-83

产生上述情况的主要原因是圆锥销的锥度与锥孔的锥度不一致。我公司选用的圆锥销是外购标准件，其锥度用标准环规检查，每批都不一样，有的大头大，有的小头大，也有的中间大，而锥孔是用专用机用铰刀铰出来的。机用铰刀由我公司自行设计制造，其与圆锥销锥度的一致性没有依靠科学的检验方法来保证，所以就产生了铰出的锥孔与圆锥销接触不良现象。

国家标准是销和孔上、下的接触长度都不得少于圆锥销直径的 1.5 倍。为了保证达到上述要求，将圆锥销改为基本件，并规定了技术要求，代替专用夹具使用。

图 2-84 所示为改后的床鞍与床身定位联接用的圆锥销。为了确保圆锥销每批每件的锥度都达到一致，我们设计了测量圆锥销锥度专用环规（图 2-85），其环规的锥度用图 2-86 所示塞规相互配研、制造、测量，并在图样上规定：工具车间第一次制造塞、环，必须同时制造两套，两套的锥度必须一致，其中一套存放在计量室，以备以后作为检验用的塞规、环规。

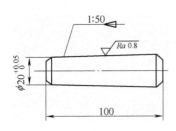

图 2-84　改后的圆锥销

技术要求:

1. 锥度角度公差不大于 1′。

2. 圆度误差不大于 0.003mm。

3. 用涂色法检验接触长度不小于 75%。

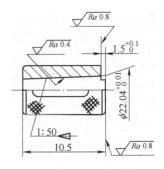

图 2-85　专用环规

技术要求:

1. 锥度 1:50 偏差在全长上不大于 0.0057。

2. 用涂色法检查锥度接触线不得少于 6 条。

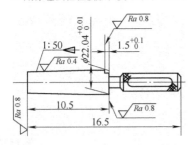

图 2-86　配套塞规

技术要求:

1. 锥度 1:50 偏差在全长上不大于 0.0057。

2. 用涂色法检查锥度接触线不得少于 6 条。

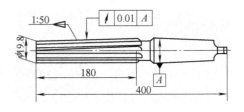

图 2-87　专用机用铰刀

技术要求:

1. 锥度 1:50 用环规检查。

2. 用涂色法检查试棒锥度接触不得少于 6 条。

　　对于锥销孔的加工，采用图 2-87 所示的专用机用铰刀。铰刀材料采用高速工具钢。为了保证铰刀的锥度与圆锥销的锥度一致，采取的办法是在磨削铰刀 1:50 锥度时，先用一根与铰刀长度、直径相同的试棒（图 2-88）来调整机床。该试棒的 1:50 锥度，必须用检查圆锥销的环规检验合格。机床调整好后，再换上铰刀进行锥度磨削，确保铰刀锥度

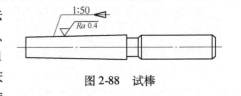

图 2-88　试棒

与圆锥销一致。采取这种办法后，确保了圆锥销与锥孔的接触精度，经过多次检查均达到国家规定的要求，其销和孔上、下的接触长度，都超过了圆锥销直径 1.5 倍，从而提高了圆锥销与锥孔的接触精度，提高了产品质量。

任务 2.5　带传动、链传动机构装配

【实训器材】

　　二级变速机构全套零、部件，带传动工作台或链传动工作台。

　　工作台、工具、夹具。

　　调试器材。

【基础知识】

1. 轮子的校准

（1）轮子校准的标准　如图 2-89 所示，校准的轮子应符合 2 个基本要求：两轴平行；两轮子的端面在同一平面上（两轮子的 V 带槽在同一条线上）。

（2）不良校准的情形　不良校准的情形可分为 4 种，如图 2-90 所示。

（3）轮子校准的步骤

步骤一：将两轴调到同一平面。

步骤二：将两轴调平行。

步骤三：将两轮子的端面调到同一平面。

2. 磁性表座

磁性表座也称万向表座（图 2-91），是机械制造业用途多、不可或缺的检测工具之一。通过转动手柄来转动里面的磁铁，当磁铁的两极（N 和 S）朝上下方向，也就是磁铁的 N 极或 S 极正对软磁材料底座时，就被磁化，这个方向上具有强磁，所以能够用于吸住钢铁表

图 2-89　校准的轮子

面。而当磁铁的两极处于水平方向，即 N 极或 S 极的正中间正对软磁材料底座时（长条形磁铁的正中间只有极小的磁性，可以忽略不计）不会被磁化，所以此时底座上几乎没有磁力，就可以很容易地将表座从钢铁表面取下。

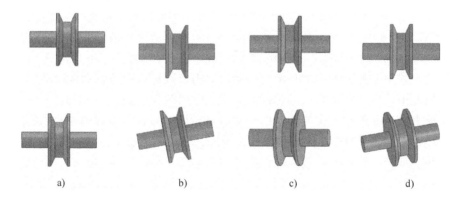

a)　　　　　　b)　　　　　　c)　　　　　　d)

图 2-90　不良校准的轮子

a）两轴平行，两轮的端面不在同一平面上　b）两轴相交　c）两轴不平行，两轴不相交，两轴投影平行　d）两轴不平行，两轴不相交，两轴投影不平行

3. 百分表

百分表是利用精密齿条齿轮机构制成的表式通用长度测量工具（图 2-92）。通常由测头、量杆、防振弹簧、齿条、齿轮、游丝、圆表盘及指针等组成。常用于几何误差测量以及小位移的长度测量。百分表的圆表盘上有 100 个等分刻度，即每一分度值相当于量杆移动 0.01mm。若圆表盘上有 1000 个等分刻度，则每一分度值为 0.001mm，这种表即为千分表。

改变测头形状并配以相应的支架，可制成百分表的变形品种，如厚度百分表、深度百分表和内径百分表等。如用杠杆代替齿条，可制成杠杆百分表和杠杆千分表，其示值范围较

小，但灵敏度较高。此外，杠杆表的测头可在一定角度内转动，能适应不同方向的测量，结构紧凑，适用于测量普通百分表难以测量的外圆、小孔和沟槽等的形状和位置误差。

图 2-91　磁性表座

图 2-92　百分表

百分表、千分表能测量一块材料的厚度吗？

4. 偏摆检查仪

偏摆检查仪是一种主要用于检测轴类、盘类零件的径向跳动和轴向跳动的仪器，如图 2-93 所示。

5. 带传动

带传动（图 2-94）是一种利用带作为中间绕性件进行动力传动的传动方式。它的基本原理是依靠带与带轮之间的摩擦力来传递运动和动力，其可靠性和传动能力取决于带与带轮之间摩擦力的大小。带与带轮间的摩擦系数、预加的张紧力以及带与带轮之间的接触弧长等都是影响摩擦力大小的因素。在带传动中，带与带轮接触弧长所对应的中心角称为包角，用 α 表示。包角越大，带与带轮之间的接触弧长越长，带传动的能力越大。带传动中大带轮的包角总是大于小带轮的包角。一般来说，包角通常是指小带轮的包角。

图 2-93　偏摆检查仪

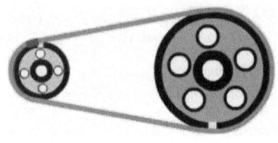

图 2-94　带传动

主动轮转速 n_1 与从动轮转速 n_2 之比称为传动比，用符号 i_{12} 表示。

$$i_{12} = n_1/n_2 = D_2/D_1 \tag{2-4}$$

式中 D_1——主动轮直径；

　　 D_2——从动轮直径。

带传动的特点是结构简单、传动平稳、无噪声、具有过载保护功能、传动比不准确，适用于两轴中心距、传动比要求不严格的场合。

带传动的应用：带传动的传动比 $i \leqslant 7$。带传动多用于动力部分到工作部分的高速运动。

带轮通常采用灰铸铁制成。

（1）普通带传动　普通带传动有平带传动和V带传动2种。平带的横截面为矩形，工作时，环形内表面与带轮外表面接触。平带的特点是带较薄，挠曲性好，扭转柔性好，因而适用于一般的平行轴或交叉轴运动。平带包括普通平带、编织带、复合平带、高速带等，如图2-95所示。

V带分特种带芯V带和普通V带两大类。V带是无接头的环形带，其横截面为等腰梯形，工作时依靠带的两侧面与带轮轮槽侧面相接触的摩擦力，因此摩擦力较大，传动能力比平带的传动能力大。V带传动如图2-96所示。V带的传动速度控制在 $5 \sim 25 \mathrm{m/s}$。

图2-95　平带传动

（2）同步带传动　同步带是一种以钢丝绳或玻璃纤维为强力层，外覆以聚氨酯或氯丁橡胶的环形带，带的内周制成齿状，与齿形带轮啮合。同步带传动时，传动比准确，对轴作用力小，结构紧凑，耐油、耐磨性好，抗老化性能好，一般使用温度为 $-20 \sim 80℃$，传动速度 $v < 50 \mathrm{m/s}$，传递功率 $P < 300 \mathrm{kW}$，传动比 $i < 10$，通常用于要求同步的传动，也可用于低速传动，如图2-97所示。

图2-96　V带传动

图2-97　同步带传动

（3）高速带传动　带速 $v > 30 \mathrm{m/s}$、高速轴转速在 $10000 \sim 50000 \mathrm{r/min}$ 之间的带都属于高速带（带速大于 $100 \mathrm{m/s}$ 称为超高速带）。高速带传动通常是增速传动。由于要求可靠、运转平稳，并有一定寿命，所以都采用质地轻、厚度薄而均匀、挠曲性好、强度较高的特制环形平带，如薄型尼龙片复合平带、高速环形胶带、特制编织带（麻、丝、尼龙）等，以减小其工作时的离心力。若采用硫化接头，必须使接头与带的挠曲性能接近。

6. 链传动

链传动是以链条作为中间挠性传动件，通过链节和链轮的不断啮合和脱开而传递运动和动力，属于啮合传动，如图 2-98 所示。与带传动相比，链传动有准确的平均传动比，传动能力大、效率高，但工作时有冲击和噪声，瞬时传动比不恒定，因此多用于传动平稳性要求不高、中心距较大的场合。

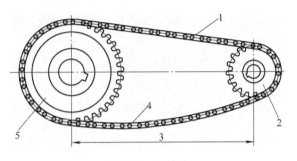

图 2-98 链传动

1—紧边 2—主动轮 3—中心距 a 4—松边 5—从动轮

链传动的传动比为

$$i_{12} = n_1/n_2 = z_1/z_2 \tag{2-5}$$

式中　n_1、n_2——主、从动轮的转速；

　　　z_1、z_2——主、从动轮的齿数。

上式说明，链传动中两轮的转速与两轮的齿数成反比。

7. 链传动的应用

链传动主要用于两轴平行、中心距较远、传动功率较大且平均传动比要求准确，工作环境恶劣的场合。

在链轮和链条被发明之前，自行车存在两个物理冲突（所谓物理冲突是指对系统中的一个结构、部件或子系统提出相反的要求所形成的冲突）：其一是为了高速行走需要一个直径大的车轮，而为了乘坐舒适需要一个小的车轮。其二是骑车人既要快蹬以提高行进速度，又要慢蹬以感觉舒适。链条、链轮的发明解决了这两个物理冲突：链条在空间上将大链轮的运动传给小链轮，小链轮驱动自行车后轮旋转；大链轮以较慢的速度通过链条带动小链轮以较快的速度旋转，因此骑车人以较慢的速度蹬踏脚蹬，自行车后轮以较快的速度旋转，于是自行车车轮直径也不需很大，从而达到乘坐舒适的目的，如图 2-99 所示。

a)　　　　　　　　　　　　　　　　　b)

图 2-99 自行车

a) 早期无链条自行车　b) 有链条自行车

8. 带、链条松紧调节方法

（1）轴距不变

方法一：改变链条的长度。

方法二：加张紧轮。

方法三：带的交叉安装。

方法四：改变轮子的大小。

讨论　还有其他方法吗？

（2）轴距调节

方法一：千斤顶。

方法二：螺杆，如图2-100所示。

方法三：偏心轮。

方法四：双头螺杆。

讨论　还有其他方法吗？

图2-100　带的松紧调节

9. 带传动机构装配技术要求

（1）安装精度　一般带轮的径向圆跳动为（0.0025~0.005）D，轴向圆跳动为（0.0005~0.001）D，D为带轮直径。

（2）包角　要保证足够的包角α，对V带传动来说，小带轮包角不能小于120°。

（3）张紧力　带的张紧力要适当，便于调整。

10. 带传动机构装配技能

1）带轮与轴的连接。带轮与轴的连接如图2-101所示。

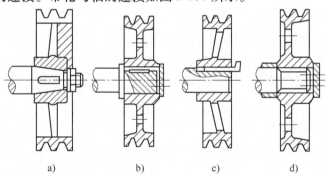

a)　　　　　　　b)　　　　　　　c)　　　　　　　d)

图2-101　带轮与轴的连接

a）圆锥轴颈、挡圈轴向固定　b）轴肩、挡圈轴向固定

c）楔键周向、轴向固定　d）隔套、挡圈轴向固定

2）带轮的装配。用螺旋压入工具装配带轮如图2-102所示。

3）传动带的安装与调整。

①带的安装：先将两带轮的中心距调小，将带套在小带轮上，再将带旋入大带轮，然后将两带轮的中心距调大。

②张紧力的检查：在带与两带轮的切点连线的中点处，垂直于传动带加一重物，通过测

量重物产生的挠度来检查张紧力的大小。

③张紧力的调整：传动带工作一段时间后，会产生永久性变形，从而使张紧力减小，因此需定期调整带的张紧力。

11. 链传动机构装配技术要求

1）链轮与轴的配合必须符合设计要求。

2）主动链轮与从动链轮的轮齿几何中心平面应重合，其偏移量不得超过设计要求。

3）链条与链轮啮合时，工作边必须拉紧，并应保证啮合平稳。

4）链条非工作边的下垂度应符合设计要求，若设计未规定，应按两轮中心距的2%进行调整。

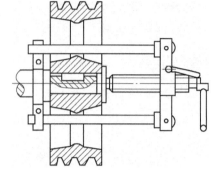

图 2-102　用螺旋压入工具装配带轮

链条的下垂度是指链条在两链轮中心位置方向上的下垂量。当链传动是水平或有一定倾斜（在45°以内）时，下垂度应不大于$2\%L$（L为两链轮中心距）。倾斜度增大时，要减少下垂度。垂直放置时，下垂度应小于$0.2\%L$（L为两链轮中心距）。

套筒滚子链的接头形式如图 2-103 所示。图中 2-103a 为用开口销固定活动销轴；图 2-103b 为用弹簧卡片固定活动销轴。这两种方法都适用于链条节数为偶数的情况。装弹簧卡片时要注意使开口端方向与链条的速度方向相反，以防止在运转中脱落。图 2-103c 为采用过渡链节结合，适用于链条节数为奇数的情况。

当两链轮中心距可调且链轮在轴端时，可以将链条预先接好，再装到链轮上，然后调节中心距，拉紧链条。如果受结构限制，可先将链条套在链轮上再进行连接，此时应使用专用的拉紧工具，如图 2-104 所示。

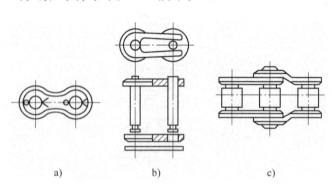

a)　　　　　　　b)　　　　　　　c)

图 2-103　套筒滚子链的接头形式

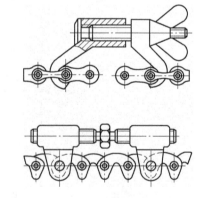

图 2-104　链条拉紧专用工具

12. 二档变速机构零件明细

二档变速机构零件明细见表 2-12。

表 2-12　二档变速机构零件明细

序号	零件名称	零件材料	零件数量	备注
1	齿轮箱固定板	钢板或铝板	2	冲压件
2	固定轴承套（同心）	塑料	1	内装6002轴承

（续）

序号	零件名称	零件材料	零件数量	备注
3	调节轴承套（偏心）	塑料	1	内装6001轴承
4	主动轴	40Cr	1	—
5	被动轴	40Cr	1	—
6	44齿同步轮	铝合金或45钢	1	—
7	39齿同步轮	铝合金或45钢	1	—
8	14齿同步轮	粉末冶金	1	—
9	21齿同步轮	粉末冶金	1	—
10	17齿同步轮	粉末冶金	1	输出带轮
11	压板	Q235	1	冲压件
12	丝杠	45号钢	1	—
13	内齿轮圆冲片	—	3	—
14	内花键圆压板	粉末冶金	1	—
15	摩擦片	—	1	—
16	同步带	5M/295	2	—
17	滑轮	尼龙	1	—
18	轴承	—	2	从动轴两端。6000
		—	2	从动轴中间。6001
		—	2	主动轴中间。6002
		—	1	39齿同步轮内。6204
		—	1	44齿同步轮内。3020（单向滚针）
		—	1	6900

13. 二档变速机构简明装配步骤

1）取左右齿轮箱固定板各1块，将有"左"或"右"记号的面朝上，取固定轴承套2只、调节轴承套2只，取6002轴承2只、6001轴承2只。

2）将固定轴承套、调节轴承套从上往下分别装入左右两块齿轮箱固定板；将6002轴承装入固定轴承套内，将6001轴承装入调节轴承套内。

3）取组合垫圈1只、44齿同步轮1只，44齿同步轮内装有单向滚针轴承；取切口套1只、组合垫圈1只、右固定板组件、从动轴，在从动轴上依次装入右固定板组件、组合垫圈、切口套，用内六角扳手旋紧紧定螺钉，接着在从动轴上依次装入44齿同步轮、组合垫圈。

4）取14齿同步轮1只、主动轴，在主动轴上装入右固定板组件，装入14齿同步轮，用内六角扳手旋紧紧定螺钉。

5）取同步带，装同步带。

6）取左固定板组件，装左固定板组件。

7）取3套螺钉、隔套、螺母、平垫，将其分别装在左、右固定板之间。

8）取卡簧、圆冲片、摩擦片、39 齿同步轮，39 齿同步轮内装入轴承 6204，将圆冲片、摩擦片、圆冲片装入 39 齿同步轮，在从动轴上装卡簧，将 39 齿同步轮组件装入从动轴。

9）取 21 齿同步轮、同步带，在主动轴上装 21 齿同步轮，用内六角扳手旋紧紧定螺钉，装同步带。

10）取圆冲片、圆压板、条形压板，装圆冲片，装圆压板，装条形压板。

11）取隔套 1 只、6000 轴承 1 只、螺钉，装隔套，装 6000 轴承，装螺钉。

12）取 17 齿同步轮，装入从动轴，用内六角扳手旋紧紧定螺钉。

13）调节同步带的松紧，旋紧螺钉螺母。

14）检测二档传动比的效果（主动轴转 3 圈，从动轴转多少圈？）。

【拓展知识】

1. 多楔带

多楔带是指以平带为基体、内表面排布有等间距纵向 40°梯形楔的环形橡胶传动带，其工作面为楔的侧面，如图 2-105 所示。

多楔带的优点：多楔带与带轮的接触面积和摩擦力较大，载荷沿带宽的分布较均匀，因而传动能力大；由于带体薄而轻、柔性好、结构合理，故工作应力小，可在较小的带轮上工作；多楔带还具有传动振动小、散热快、运转平稳、伸长小、传动比大和极限线速度

图 2-105　多楔带

高等特点，因而寿命长，节能效果明显，传动效率高，传动紧凑，占据空间小。此外，多楔带的背面也能传动，而且可使用自动张力调整器，使传动更加安全、可靠。多楔带特别适用于结构要求紧凑、传动功率大的高速传动。

2. 倍速链

倍速链条利用轨道来运作，如果中间与轨道接触的小滚子外径刚好是大滚子的 1/3，小滚子转动 1 圈，那么外面的大滚子也跟着转动 1 圈，由于外径相差 3 倍，则将物品以 3 倍的速度往前移送。这种倍速链就叫 3 倍速链。

可以想象成两个直径不同的圆装在同一根轴上，小圆转动 1 圈，大圆跟着转 1 圈，若这两个圆的直径比例是 1:3，则它们的周长比例也是 1:3。物品置放在大圆上，同样时间内其移动距离可达 3 倍远。

【技能训练】

■任务

分小组进行二档变速机构、带传动机构或链传动机构装配与调试，每组 5～6 人，每组装配和调试 1 套。

■分析与实践

1）整理场地。

2）领材料、工具、量具。

3）熟悉二档变速机构、带传动机构或链传动机构。

4）熟悉二档变速机构装配工艺，制定带传动机构或链传动机构装配与调试工艺，熟悉

带轮（或链轮）校准的方法，熟悉带（或链条）下垂度的检验方法。

5）在教师指导下学生独立进行装配作业。

■教师检验、点评与评分

带传动机构或链传动机构装配与调试质量评分表见表 2-13。

表 2-13　带传动机构或链传动机构装配与调试质量评分表

考核内容	考　核　要　求	配分	得分
5S 工作	符合 5S 规范	10 分	
理论知识	熟悉二档变速机构装配工艺，制定带传动机构或链传动机构装配与调试工艺	30 分	
实际操作	按工艺卡要求作业，作业规范，工具、量具使用正确。能正确进行调试	40 分	
装配和调试质量检验	带轮（或链轮）的两轴平行，带轮（或链轮）的端面在同一平面上，带（或链条）松紧合适	10 分	
安全工作	穿戴整齐，劳动保护正确，遵守操作规程，有预防措施	10 分	
总　　　计		100 分	

注：安全不及格，则本次实践成绩评定为不及格。

【课外作业】

一、填空题

1. 校准的轮子应符合 2 个基本要求：两轴＿＿＿＿＿＿；两轮子的＿＿＿＿＿＿在同一平面上。

2. 带传动的特点是结构简单、传动平稳、＿＿＿＿＿＿噪声、具有过载保护功能、传动比不准确，适用于两轴＿＿＿＿＿＿、＿＿＿＿＿＿要求不严格的场合。

3. 链传动是以链条作为中间挠性传动件，通过链节和链轮的不断啮合和脱开而传递运动和动力的，属于＿＿＿＿＿＿传动。

二、判断题

1. 带安装时先将两带轮的中心距调小，接着将带套在大带轮上，再将带旋入小带轮。

2. 链条非工作边的下垂度应符合设计要求，若设计未规定，应按两轮中心距的 2% 进行调整。

3. 链运动具有准确的平均传动比，传动能力大、效率高，但工作时有冲击和噪声，瞬时传动比不恒定，因此多用于传动平稳性要求不高、中心距较大的场合。

三、选择题

1. 偏摆检查仪不能检测（　　　　）。

（A）轴类零件的径向圆跳动　　　　（B）盘类零件的径向圆跳动

（C）内孔圆跳动　　　　（D）轴向圆跳动

2. 带传动可靠性和传动能力不取决于（　　　　）。

（A）带与带轮面间的摩擦系数　　　　（B）预加的张紧力

（C）带与带轮之间的接触弧长　　　　（D）负载大小

四、简答题

1. 整理本任务的主要知识点、技能点。

2. 链条的正确安装要求有哪些？如何确定链条的下垂量？如何对链条进行张紧？

3. 简述同步带传动的优缺点。

【阅读材料】

V 带使用中的误区

吴兖波（浙江特畅恒实业有限公司）

带传动尤其是 V 带传动是农业机械中最常见的传动方式。一方面因为带传动结构简单、造价低廉，另一方面因为带传动具有其他传动方式所不具备的优点，如传动柔和、缓冲吸振，而且特别适用于两轴中心距较大的场合等。但许多农户在使用中存在误区。

误区 1：盲目减小从动带轮直径

有人在购买农机后希望能多拉快跑，于是采用更换从动带轮，通过减小其直径的方法，以达到增大传动比、提高输出转速的目的。殊不知带的寿命是由弯曲应力与弯曲次数决定的，当带绕入带轮时产生弯曲应力，带轮直径越小弯曲应力越大，带绕出带轮时该应力又消失，当带以相当高的速度不断运转时，带的弯曲应力就不断产生与消失，如此不断循环往复就会造成带的疲劳断裂。因此，减小从动带轮直径是导致带加速报废的主要原因。减小从动带轮直径会使两带轮直径之差（$D_2 - D_1$）减小，造成从动带轮包角减小，使带的承载能力下降。

误区 2：新旧带混合使用

有人在更换 V 带时，看到某些旧带品相尚好，舍不得丢弃，于是更换时只换掉那些老化破损的带，新旧带混同使用，以为节约了成本。但旧带在长期使用中已经产生了老化松弛，使原本应由各带共同承担的拉力全部转嫁到新带上，造成新带拉力过大，致使新带过快损坏。

误区 3：任意加大主、从动带轮中心距

当带在使用一段时间之后，由于反复的拉伸，带必然会产生松弛、变形，使带与带轮间的张紧程度下降，从而导致带的传动能力降低。此时一般会通过加大中心距和设置张紧轮两种方法恢复带与带轮间的初拉力。前者由于方法简单、易于施行又几乎不增加成本，被广泛采用。从原理上讲，中心距加大，在恢复初拉力的同时小带轮包角也增大，对带的承载能力有利，但两带轮的中心距往往受到空间位置限制，而且中心距过大会引起带的抖动，降低了带的承载能力。

误区 4：张紧轮设置不合理

当带松弛后，如果不能采用加大中心距的方法，有人会采用使用张紧轮的方法。对于平带和 V 带张紧轮的设置应遵循如下原则：如果是平带，应将张紧轮置于松边外侧靠近小带轮处，从而使带在恢复张紧力的同时又可增加小带轮的包角；如果是 V 带，则应将张紧轮置于松边内侧靠近大带轮处，目的是在恢复张紧力时不使小带轮包角过分减小，同时使带只承受单向弯曲，从而延缓带的疲劳断裂。如因条件所限无法使用张紧轮或调整中心距时，将带的松边置于上方也可起到一定作用。

误区 5：带的张紧程度过大

有人在安装 V 带时，往往误以为带张得越紧，其承载能力越大。从原理上讲，带传动是依靠带与带轮间的摩擦力来传递运动和转矩的，增大带与带轮间的正压力确实有助于增大摩擦力。但带绕入带轮张紧后会使带轮轴产生弯曲，带张得越紧，轴的弯曲程度越大，时间一长，会使带轮轴与轴承间的接触受力不均，造成轴承的偏磨甚至使轴承或轴提前报废。同时，张紧程度越大，原动机的起动转矩也越大，甚至可能造成电动机烧毁等事故。一般情况下，带的张紧程度应以大拇指下压 10～15mm 为宜。

误区 6：不加设防护装置

由于传动带是橡胶制品，不耐酸、碱、油及紫外线，所以如果将带毫无遮挡地暴露于外界环境中，将不可避免地使带过早产生龟裂老化。此外，如果不加装防护装置，当带高速转动时也可能造成人身伤害事故。

总之，带传动需正确使用和维护。

项目 **3**

齿轮箱装配

【教学目标】

认识常见齿轮结构；掌握齿轮箱的装配方法；掌握齿轮箱的调试方法；掌握密封垫的手工制作方法；掌握齿轮装配的基本方法。

促成目标：

1）能进行齿轮传动机构装配。

2）能进行轴承的安装、拆卸、调试。

3）能进行密封件的装配。

4）能进行过盈配合的孔、轴装配。

【工作任务】

摆线针轮减速器装配。

无级变速器装配。

锥齿轮调试台调试。

任务 3.1　齿轮传动机构装配

【实训器材】

工作台、工具、夹具。

摆线针轮减速机、无级变速器或其他变速器。

锥齿轮调试台。

心轴、锥齿轮副、专用检验棒、百分表、磁性表座。

【基础知识】

1. 齿轮

齿轮是轮缘上有齿、能连续啮合传递运动和动力的机械零件。

齿轮的参数有齿数、模数、压力角、齿顶圆直径、齿根圆直径和分度圆直径等。

做直齿圆柱齿轮样品时，可采用线切割加工。

2. 齿轮传动

齿轮传动的种类很多，图 3-1 所示是几种常见的齿轮传动机构。

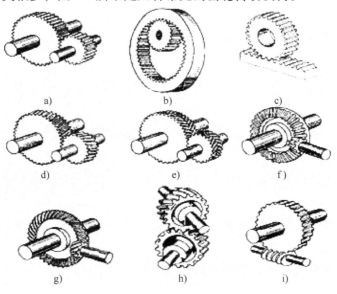

a)　　　　　　　b)　　　　　　　c)

d)　　　　　　　e)　　　　　　　f)

g)　　　　　　　h)　　　　　　　i)

图 3-1　几种常见的齿轮传动机构

齿轮传动机构的组成：齿轮传动机构由主动齿轮、从动齿轮和机架组成，如图 3-2 所示。

齿轮传动的应用：

（1）圆柱齿轮传动　用于两平行轴间的传动。平行轴齿轮传动属于平面传动。斜齿圆柱齿轮和人字齿圆柱齿轮传动，适用于负载较大，传动平稳性要求较高的场合；内啮合式齿轮传动，适用于要求结构紧凑的场合；齿轮齿条啮合的齿轮传动，适用于将回转运动变为直线运动的场合。图 3-3 所示是一种圆柱齿轮传动（3D 打印样品），其中包含一对人字齿轮和行星轮系。

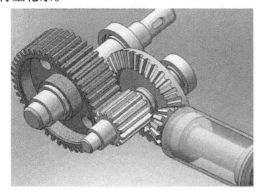

图 3-2　齿轮传动机构的组成

图 3-3　圆柱齿轮传动

（2）锥齿轮传动　常用于两轴相交的齿轮传动。在锥齿轮传动中，两轴的交角可以是任意的，但两轴垂直相交较为常见。锥齿轮传动一般用于轻载，低速的场合。图 3-4 所示是一种锥齿轮传动（3D打印样品）。

3. 齿轮间隙

齿轮间隙有两处：一是顶隙，一是侧隙。顶隙防止两个啮合齿轮的齿顶、齿根相接触，造成运动干涉。侧隙防止因齿轮制造误差、装配误差、温度升高、轮齿受力变形、热变形等，造成轮齿"卡滞"现象。

图 3-4　锥齿轮传动

4. 齿侧间隙测量

测量齿侧间隙时，必须在齿轮的4个不同位置测量，所以，每次测量后必须将轮子旋转90°。通过这种方法，可以确定齿轮的摆动或偏心误差。图3-5所示是侧隙检测方法。

（1）方法一　测量时，将啮合的齿轮副中一只齿轮固定，在另一只齿轮上装夹紧杆2。由于侧隙的存在，装有夹紧杆的齿轮便可摆动一定角度，在百分表3上得到读数，记读数为C，记齿侧间隙为C_n，可得

$$C_n = CR/L \tag{3-1}$$

式中　R——安装夹紧杆齿轮的分度圆半径；

　　　L——夹紧杆有效长度。

（2）方法二　将啮合的齿轮副中一只齿轮固定，将杠杆百分表1直接抵在另一只齿轮齿面的分度圆处，将该齿轮从一侧啮合迅速转到另一侧啮合，此时杠杆百分表1的读数差即为侧隙。

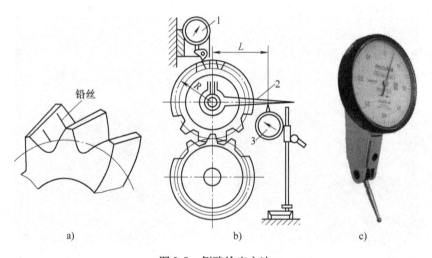

图 3-5　侧隙检查方法

a）用铅丝检查侧隙　b）用百分表检查侧隙　c）杠杆百分表

1—杠杆百分表　2—夹紧杆　3—百分表

侧隙与中心距偏差有关，在装配中可通过微调中心距进行侧隙的调整。在有些装置中，中心距由加工保证，若采用滑动轴承支承，可通过精刮轴瓦调整侧隙。

5. 齿轮在轴上的装配方法

1）在轴上空套或滑移的齿轮，与轴一般为间隙配合，装配精度主要取决于零件本身的制造精度，装配时要注意检查轴、孔的尺寸。

2）在轴上固定的齿轮，与轴一般为过渡配合或过盈量较小的过盈配合。

6. 齿轮、轴组件装入箱体

齿轮、轴组件在箱体中的装配精度除受齿轮在轴上的装配精度影响外，还与箱体的几何精度，如箱体孔的同轴度、轴线间的平行度及孔的中心距偏差等有关，同时还可能与相邻轴中的齿轮相对方位有关。

齿轮、轴组件装入箱体时，需做如下检验和调整：

1）装配齿轮、轴组件前对箱体的检验。

2）运动精度的装配调整。

3）接触精度的检验和调整。

4）齿侧间隙的检验和调整。

7. 摆线针轮行星传动

摆线针轮减速器（图3-6）是一种应用行星传动原理，采用摆线针齿啮合的传动装置。摆线针轮减速器可分为3部分：输入部分、减速部分、输出部分。

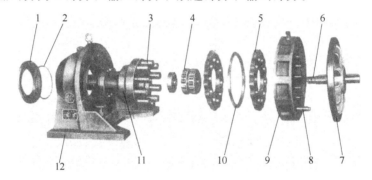

图3-6 摆线针轮减速器结构

1—小端盖 2—制动环 3—销轴/销套 4—偏心套/轴承 5—摆线轮 6—输入轴
7—机座 8—针齿销/针齿套 9—针齿壳 10—间隔环 11—输出轴 12—大端盖

在输入轴上装有一个错位180°的双偏心套，在偏心套上装有两个称为转臂的滚柱轴承，形成H机构，两个摆线轮的中心孔即为偏心套上转臂轴承的滚道，摆线轮与针轮上一组环形排列的针齿相啮合，组成齿差为一齿的内啮合减速机构（为了减小摩擦，在速比小的减速机中，针齿上带有针齿套）。

当输入轴带动偏心套转动时，由于摆线轮上齿廓曲线的特点及其受针轮上针齿限制之故，摆线轮的运动成为既有公转又有自转的平面运动，当输入轴正转1周时，偏心套也转动1周，摆线轮于相反方向转过1个齿，从而得到减速，借助输出机构，将摆线轮的低速运动通过销轴，传递给输出轴，从而获得较低的输出转速。

8. 无级变速器

行星摩擦式机械无级变速器（图3-7）主要由主动装置、摩擦传动机构、调速控制机构组成。带锥度的主动轮和压盘被一组碟形弹簧压紧，输入轴与主动轮用键联接，组成压紧的主动装置。一组带锥度的行星摩擦轮内侧夹在压紧的主动轮和压盘之间，外侧夹在带锥度的固定环和调速凸轮之间，组成摩擦副。当压紧的主动装置运转时，摩擦轮做纯滚动，由于固定环和调速凸轮不动，因此摩擦轮在自转的同时做公转运转，通过行星摩擦轮的中心轴及滑块轴承带动行星架转动。

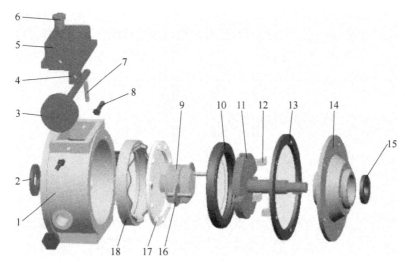

图3-7　行星摩擦式无级变速器结构

1—箱体　2—输入轴轴承　3—调速手柄　4—调节螺母　5—上盖　6—油盖　7—连接杆
8—限位螺钉　9—输入连接轴　10—固定环　11—输出圈　12—塑料块　13—橡胶圈
14—输出端盖　15—输出轴轴承　16—行星轮　17—滚动圈　18—移动压圈

当转动调速手柄改变角向位置的同时，调速凸轮的端面曲线经平面轴承和固定平面凸轮的端面曲线作用，使调速凸轮产生轴向移动，从而均匀地改变了调速凸轮与固定环之间的间隔，使行星摩擦轮产生径向移动，从而均匀地改变了行星轮与主动轮、压盘及固定环、调速凸轮摩擦处的工作半径，稳定地实现了无级变速。

9. 蜗轮蜗杆（蜗杆副）

蜗杆副（图3-8）的应用范围广，常用于分度、减速、传动等机构。装配时要区别对待：如用于分度，则以提高运动精度为主，需尽量减少蜗杆副在运动中的空转角度；如用于传动和减速，则以提高接触精度为主，使蜗杆副能传递较大的转矩，增强耐磨性能。

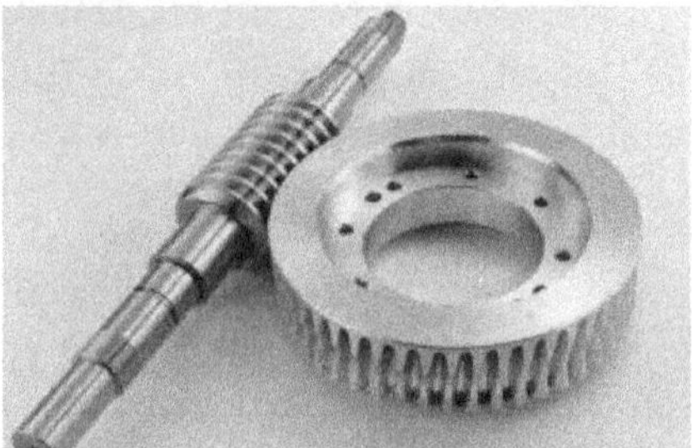

蜗杆副的结构，可分为组合式和固定式两种。

（1）组合式蜗杆副　这种结构的蜗杆副，其中心距不是固定的，它的啮合位置靠移动蜗轮、蜗杆的径向位置而获得。这种结构的蜗杆副，其加工精度可适当放宽，但要增加装配工作量。多用于简单、粗糙的机械传动。

（2）固定式蜗杆副　这种结构的蜗杆副的啮合

图3-8　蜗轮、蜗杆

中心距是根据蜗轮、蜗杆的节圆直径来确定的。对蜗杆副和装配蜗杆副的箱体孔的加工，必须严格按照图样所标注的尺寸公差进行，否则将导致啮合间隙太大或太小，甚至无间隙，造成无法装配的情况。

（3）蜗杆副装配的技术要求 保证蜗轮轮齿的圆弧中心与蜗杆的轴线在同一个垂直于蜗轮轴线的平面内，具有正确的啮合中心距，并有适当的啮合侧隙和正确的啮合接触面。其调整方法是在蜗杆上均匀地涂一层显示剂，转动蜗杆，按蜗轮上的接触印痕来判断啮合质量。如图 3-9 所示，图 3-9a、b 为蜗杆副两轴线不在同一平面内的情况，如蜗杆位置已固定，则可按箭头方向调整蜗轮的轴向位置，使其达到图 3-9c 所示的要求。

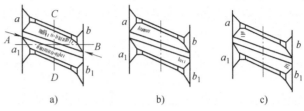

图 3-9 蜗轮齿面接触线

（4）侧隙的调整（即蜗杆副装配后的空转角度） 固定式蜗杆副主要靠它和箱体孔的加工精度；组合式蜗杆副主要靠装配时对其径向位置的调整。

蜗杆副装配后，要检查它的灵活性，即当蜗轮停止在任何位置上，转动蜗轮的扭矩都应一致，没有单边现象。

10. 圆柱蜗杆传动部件的装配

1）对组合式蜗轮，先将齿圈压装在轮毂上，方法与过盈配合装配相同，可用螺钉加以紧固。

2）将蜗轮装到轴上，其安装及检验方法与圆柱齿轮相同。

3）先将蜗轮轴装入箱体，然后再装入蜗杆，并通过装配、调整来保证蜗杆副的传动、接触等精度。

蜗杆传动侧隙的检测如图 3-10 所示。蜗杆径向可调机构和轴向可调机构分别如图 3-11 和图 3-12 所示。

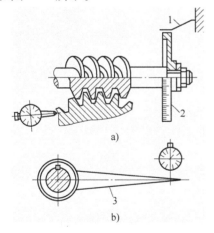

图 3-10 蜗杆传动侧隙的检验
a）直接测量法 b）测量杆测量法
1—指针 2—刻度盘 3—测量杆

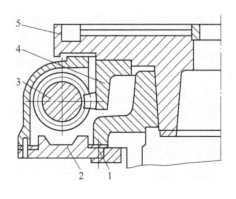

图 3-11 蜗杆径向可调结构
1—调整垫片 2—蜗杆座 3—蜗杆
4—蜗轮圈 5—工作台

11. 锥齿轮调试台

锥齿轮调试台如图 3-13 所示。

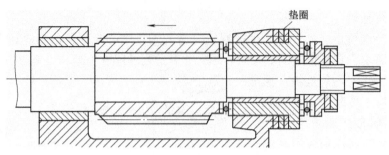

图 3-12 蜗杆轴向可调结构

图 3-13 锥齿轮调试台

简明调节步骤如下：

第一步：调节两轴等高；

第二步：调节两轴垂直；

第三步：分别调节两轴的安装距。

装配和调试常常是联系在一起的，调试时需要考虑调试方法、检测方法、检测手段、检测工具等，通常是一个很综合、很复杂的工作。

【拓展知识】

1. 设备拆卸技能

（1）拆卸时的检查 设备的拆卸过程不仅是零、部件的拆卸与分解工作，而且是对零、部件进行全面检查、判断的极好机会；同时，也为以后的装配工序做好调研工作。例如在拆卸齿轮、轴承、轴套等配合件时，要仔细检查判断其啮合、配合、松紧、磨损等情况。因为这些零件在拆卸之前，无法正确判断其配合与磨损情况，如果拆卸中不进行检查，重新装配后才发现问题，再来赶制备件，就会造成工时浪费，影响进度。

（2）拆卸零、部件的标记 有些零、部件在拆卸时要作好标记再行拆卸，以便装配时既能顺利进行，又能保证质量。要作标记的零、部件一般是：

1）具有方向性的零、部件，如叶片泵的叶片和转子的方向等。

2）某些配磨、配研、对号入座、不能互换的零件，如平面磨床滚动螺母的垫片和滚子。

3）复杂油路油管。

4）高精度的主轴与轴承的装配方向，是利用误差消除方法装配的，为了拆卸时不降低精度应予标记。

5）复杂变速机构的变速盘与齿轮、齿条的相对位置。

6）对于确定应换应修的零件，放置时用红绿色标记，加以区分，以备检查。

（3）清洗与包扎　设备全部拆卸之后，要仔细清洗、擦拭，对于重要的零件要涂油防锈，用废布、报纸等包扎。对箱体内部以及铸件的自由表面，要重新涂漆。

（4）零、部件的放置

1）箱体、床身等部件要垫好摆平，防止变形。

2）应按部件设置专用零件箱，避免部件与部件之间的零件混杂，减少装配时寻找零件的时间。

3）轴上的零件拆下后，最好按原次序方向临时装回轴上或用钢丝或绳索串联放置，这样将给装配带来方便。

4）细小件如基本体上的销子、止动螺钉、键、卡环等，拆洗后应立即拧上或插入孔内。

5）特殊件如主轴、细长轴，应置于或悬挂于专用架上。

1. 拆卸螺栓时，将垫片、螺母拧到相应的螺栓上，以防重新安装时花费宝贵时间寻找螺母及垫片。

2. 拆卸丝杠、长轴等细长零件后，应将其垂直吊起，以防弯曲变形或碰伤。

2. 3D打印技术

3D打印是快速成形技术的一种，它以数字模型文件为基础，运用粉末状金属或塑料等可黏合材料，通过逐层打印的方式来构造物体。

3D打印出现于20世纪90年代中期，实际上是利用光固化和纸层叠等技术的快速成形装置。它与普通打印工作原理基本相同，打印机内装有液体或粉末等"打印材料"，与计算机连接后，通过计算机控制，把"打印材料"一层层叠加起来，最终把计算机上的蓝图变成实物。

图3-14和图3-15所示是两款3D打印产品。

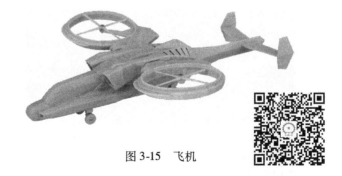

图3-14　玫瑰花　　　　　　　　　图3-15　飞机

【技能训练】

■任务

分小组进行摆线针轮减速机、无级变速器或其他减速器的装配与调试，每组 3 ~ 5 人，每组装配 1 台。

■分析与实践

1）整理场地。

2）领器材、工具、量具。

3）观看摆线针轮减速机或无级变速器的装配视频或动画，了解摆线针轮减速机或无级变速器的内部结构及工作原理。

4）了解并分析摆线针轮减速机或无级变速器装配工艺。

5）在教师指导下学生独立进行装配作业。

■教师检验、点评与评分

齿轮箱装配质量评分表见表 3-1。

表 3-1　齿轮箱装配质量评分表

考核内容	考核要求	配分	得分
5S 工作	符合 5S 规范	10 分	
理论知识	了解齿轮箱内部结构及工作原理，了解并分析齿轮箱装配工艺。熟悉齿侧间隙的测验方法。了解拆卸的常用方法	30 分	
实际操作	按工艺卡要求作业，作业规范，工具、量具使用正确。能正确进行调试。能正确测量齿侧间隙。能正确进行齿轮等零件的拆卸	40 分	
装配质量检验	装配质量符合要求。齿轮箱转动正常。拆卸后无零件损坏（易损件除外）	10 分	
安全工作	穿戴整齐，劳动保护正确，遵守操作规程，无事故，有预防措施	10 分	
总　　计		100 分	

注：安全不及格，则本次实践成绩评定为不及格。

【课外作业】

一、填空题

1. _____是能互相啮合的有齿的机械零件。

2. 齿轮参数有_____、_____、_____、齿顶圆直径、齿根圆直径和分度圆直径等。

3. 保证蜗轮上齿的圆弧中心与蜗杆的轴线在同一垂直于蜗轮轴线的平面内，具有正确的啮合_____，并要求有适当的啮合侧隙和正确的啮合接触面。

二、判断题

1. 圆柱齿轮传动只用于两平行轴间的传动。锥齿轮传动只用于两相交轴间的传动。

2. 齿轮间隙有两处，一是顶隙，一是侧隙。顶隙防止两个啮合齿轮的齿顶、齿根相接触，造成运动干涉。侧隙防止因齿轮制造误差、装配误差、温度升高、轮齿受力变形、热变形等造成轮齿"卡滞"现象。

三、选择题

1. 不是齿轮传动机构的组成部分的是（　　）。

（A）主动齿轮　　　（B）从动齿轮　　　（C）轴承　　　（D）机架

2. 蜗杆副的应用范围很广，但不用于（　　）。

（A）分度　　　（B）减速　　　（C）传动　　　（D）自锁

四、简答题

1. 整理本任务的主要知识点、技能点。

2. 什么是齿轮传动的齿侧间隙？为什么齿轮传动要有齿侧间隙？

3. 如何用铅丝法测量齿侧间隙？选择齿侧间隙的依据是什么？

4. 设备拆卸分哪两个阶段？简述各阶段的工作内容。

5. 设备拆卸的步骤和原则是什么？常用的拆卸方法有哪些？

【阅读材料】

斜齿轮传动的特点及应用

李新广（金华职业技术学院）

斜齿圆柱齿轮传动机构与直齿圆柱齿轮传动机构一样，用于传递平行轴之间的运动和动力。斜齿轮减速器是一种减速传动装置，体积小，重量轻，经济性好。

1. 斜齿圆柱齿轮传动的优点

（1）啮合性能好　斜齿圆柱齿轮轮齿之间的啮合过程是一种过渡的过程，每个轮齿的受力逐渐由小到大，再由大到小，因此斜齿轮传动适用于高速、重载情况。

（2）重合度大　重合度的增大使齿轮的承载能力提高，延长了齿轮寿命。重合度主要取决于啮合时间，而斜齿轮啮合时间长，接触面积大，应力减小，传动平稳，且增加了经济性。

（3）结构紧凑　最小齿数越少，则结构越紧凑。

2. 斜齿圆柱齿轮传动的缺点

轴向分力对于齿轮传动是有害的，它使装置之间的摩擦力增大，使装置易于磨损或损坏。斜齿轮传动的主要缺点就是齿轮啮合时会产生轴向分力，而轴向力是由螺旋角引起的，螺旋角越大，所产生的轴向力越大。为了不使斜齿轮产生过大的轴向力，设计时一般取螺旋角为 $8° \sim 15°$。为消除斜齿轮的轴向力，可以把齿轮做成对称、方向相反的斜齿轮，这种齿轮看上去像"人"字，称为人字齿轮。人字齿轮可以减少轴向分力的影响，但是人字齿轮制造麻烦，不经济。

斜齿轮减速器由于采用了最优化的设计理念，各项性能加权平均后使优点相得益彰，传递的转矩增大，传动比分级精细，承载能力强，使用持久，经济性好。

斜齿轮-蜗杆减速器的结构为 1 级斜齿轮加 1 级蜗杆传动。

斜齿轮-蜗杆减速器承载能力大，采用电动机直联形式，工作环境温度一般可以在 $-10 \sim 40℃$ 之间，可正、反转运转。具有速度变化范围大、结构紧凑、安装方便等特点。

3. 斜齿轮减速器常见问题解决方法

（1）保证装配质量 专业的工具对于保证装配质量十分必要。原厂配件一般是拆装换零件的最佳选择，当成对零件其中一个发生损坏时，一般坚持成对更换的原则。装配输出轴时，要注意公差配合；空心轴是需要重点保护的对象，如果出现磨损、生锈或表面积垢等情况，会影响以后维修时的拆卸。

（2）润滑油和添加剂的选用 润滑油和添加剂除了起减小摩擦作用外，还可使减速器停止运动后依然能有一层油膜附于表面而起到保护作用。当频繁起动时，有油膜的保护可以延长机器寿命，同时保护机器在高速重载的情况下运行。添加剂的使用还能有效防止漏油，延长密封圈寿命，保持柔软和弹性。斜齿轮-蜗杆减速器的润滑油一般选用220#齿轮油，添加剂一般用于环境较差、负荷较大、起动频繁等情况。

（3）减速器安装位置的选择 在位置允许的情况下，尽量不采用立式安装。立式安装会引起漏油等不良状况的发生。

（4）建立润滑维护制度 "五定原则"是润滑维护制度之一。首先是定人定期检查，做到责任的明确分工；然后是对温度的严格控制，一般控制温升不超过40℃，油温不超过80℃；对油的量要严格把关，以使减速器得到正确的润滑。当油的质量下降或有噪声等情况发生时，应立即停止使用，做好检修工作。

直齿圆柱齿轮传动的啮合线是平行线，加工简单、无轴向分力，但是平稳性差、振动大；斜齿圆柱齿轮传动的啮合线是斜线，加工难、有轴向分力，但是平稳性好、振动小。

任务3.2 轴承安装

【实训器材】

车床主轴箱、齿轮箱。
工作台、工具、夹具。

【基础知识】

1. 滑动轴承

滑动轴承是指在滑动摩擦下工作的轴承，如图 3-16 所示。滑动轴承转动平稳、可靠、无噪声。在液体润滑条件下，滑动表面被润滑油分开而不发生直接接触，可以大大减小摩擦损失和表面磨损，油膜还具有一定的吸振作用，但起动时摩擦阻力较大。轴被轴承支承的部分称为轴颈，与轴颈相配的零件称为轴瓦。为了改善轴瓦表面的摩擦性质而在其内表面上浇铸的减摩材料层称为轴承衬。轴瓦和轴承衬的材料统称为滑动轴承材料。滑动轴承一般应用在低速重载场合，或者是维护保养及加注润滑油困难的运转部位。

图 3-16 滑动轴承

常用的滑动轴承材料有轴承合金（又叫巴氏合金或白合金）、耐磨铸铁、铜基和铝基合金、粉末冶金材料、塑料、橡胶、硬木和碳-石墨、聚四氟乙烯（特氟龙、PTFE）、改性聚甲醛（POM）等。

非金属滑动轴承主要以塑料轴承为主。塑料轴承一般采用性能比较好的工程塑料制成，比较专业的厂家一般均具有工程塑料自润滑改性技术，通过纤维、特种润滑剂、玻璃珠等对工程塑料进行自润滑增强改性，使之达到一定的性能，然后再用改性塑料通过注塑加工成自润滑的塑料轴承。

金属滑动轴承目前使用最多的是三层复合轴承，这种轴承一般以碳钢板为基板，通过烧结技术在钢板上烧结一层球形铜粉，然后在铜粉层上烧结一层约 0.03mm 的 PTFE 润滑剂。中间的球形铜粉主要作用是增强钢板与 PTFE 之间的结合强度，同时在工作时还起到一定的承载和润滑作用。

关节轴承是由一个有外球面的内圈和一个有内球面的外圈组成的特殊结构的滑动轴承，能承受较大的负荷，如图 3-17 所示。

2. 滚动轴承

滚动轴承是将运转的轴与轴座之间的滑动摩擦变为滚动摩擦，从而减少摩擦损失的精密机械元件，如图 3-18 所示。滚动轴承一般由内圈、外圈、滚动体和保持架 4 部分组成。内圈的作用是与轴相配合并与轴一起旋转；外圈的作用是与轴承座相配合，起支承作用；滚动体借助保持架均匀地分布在内圈和外圈之间，其形状大小和数量直接影响着滚动轴承的使用性能和寿命；保持架能使滚动体均匀分布，防止滚动体脱落，引导滚动体旋转。润滑剂也被认为是滚动轴承的组成部分，它主要起润滑、冷却、清洗等作用。滚动轴承按照滚动体的列数，可以分为单列、双列和多列。

图 3-17 关节轴承

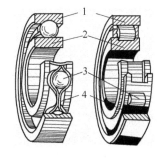

图 3-18 滚动轴承结构
1—外圈 2—内圈 3—滚动体 4—保持架

（1）内圈、外圈 内圈、外圈上滚动体滚动的部分称作滚道面。球轴承内、外圈的滚道面又称作沟道。一般来说，内圈的内径、外圈的外径在安装时分别与轴和轴承座有适当的配合。

推力轴承的内圈、外圈分别称作轴圈和座圈。

（2）滚动体 滚动体分为球和滚子两大类，滚子根据其形状又分为圆柱滚子、圆锥滚子、球面滚子和滚针。

（3）保持架 保持架将滚动体部分包围，使其在圆周方向保持一定的间隔。保持架按工艺不同可分为冲压保持架、车制保持架、成形保持架和销式保持架；按照材料不同可分为钢保持架、铜保持架、尼龙保持架及酚醛树脂保持架。

轴承受负荷时作用于滚动面与滚动体之间的负荷方向与垂直于轴承中心线的平面所形成的角度称作接触角。接触角小于 45°、主要承受径向负荷的称为向心轴承，在 45°~90°之间、主要承受轴向负荷的称为推力轴承。

图 3-19 ~ 图 3-23 所示为几种滚动轴承。

图 3-19　向心球轴承

图 3-20　圆锥滚子轴承

图 3-21　滚针轴承

图 3-22　推力球轴承

图 3-23　推力滚针轴承

如何理解圆柱滚子轴承向滚针轴承的转变？

3. 滚动轴承安装表面和安装场所的清洁

如果滚动轴承内有铁屑、毛刺、灰尘等异物进入，将使轴承在运转时产生噪声与振动，甚至会损伤滚道和滚动体。所以，在安装轴承前，必须确保安装表面和安装环境的清洁。

4. 滚动轴承安装前的清洗

滚动轴承表面涂有防锈油，必须用清洁的汽油或煤油仔细清洗，再涂上优质的润滑脂方可安装使用。清洁度对轴承寿命和振动噪声的影响很大。全封闭轴承不需清洗加油。

5. 滚动轴承润滑脂的选择

润滑对滚动轴承的运转及寿命有极为重要的影响。润滑脂由基础油、增稠剂及添加剂制成，不同种类和同一种类不同牌号的润滑脂性能相差很大，允许的旋转极限不同，选择时务必注意。润滑脂的性能主要由基础油决定，一般低黏度的基础油适用于低温、高速，高黏度的基础油适用于高温、高负荷。增稠剂也关系着润滑性能，增稠剂的耐水性决定润滑脂的耐水性。原则上，不同品牌的润滑脂不能混合，而且，即使是同种增稠剂的润滑脂，也会因添加剂不同相互带来有害影响。

6. 滚动轴承润滑脂涂附量

润滑轴承时，并不是润滑脂涂得越多越好。轴承和轴承内部空间过多的润滑脂将造成润滑脂的过度搅拌，从而产生极高的温度。轴承充填润滑脂的数量以充满轴承内部空间 1/2 ~ 1/3 为宜，高速时应减少到 1/3。

滚动轴承润滑脂为什么不能充满整个轴承内部空间?

7. 滚动轴承的安装和拆卸

安装时勿直接锤击轴承端面和非受力面,应以压块、套筒或其他安装工具(工装)使轴承均匀受力,切勿通过滚动体传力。如果安装表面涂上润滑剂,将使安装更顺利。如配合过盈较大,应把轴承放入矿物油内加热至80~90℃后尽快安装,严格控制油温不超过100℃,以防止回火效应使硬度降低和影响尺寸恢复。在拆卸遇到困难时,建议使用拆卸工具向外拉的同时向内圈小心地浇洒热油,热量会使轴承内圈膨胀,从而使其较易脱落。

8. 滚动轴承安装和拆卸工具

(1) 安装工具 滚动轴承外圈安装工具和内圈安装工具分别如图3-24和图3-25所示。

图3-24 轴承外圈安装工具

图3-25 轴承内圈安装工具

使用安装工具,在安装轴承时应遵守"安装外圈敲打外圈,安装内圈敲打内圈"的原则。

(2) 拉马 拉马是使轴承(齿轮、带轮等)与轴相分离的拆卸工具。使用时用3个(或2个)爪勾住轴承,然后旋转带有螺纹的顶杆,轴承就被缓缓拉出。拉马如图3-26和图3-27所示。

图3-26 拉马

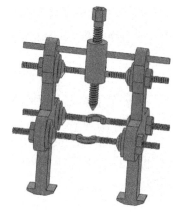

图3-27 新型拉马

9. 滚动轴承的径向游隙

不是所有的滚动轴承都要求最小的工作游隙，必须根据条件选用合适的游隙。国家标准 GB/T 4604—2012 中，滚动轴承径向游隙共分 5 个组：2 组、N 组、3 组、4 组、5 组，游隙值依次由小到大，其中 N 组为标准游隙。标准游隙组适用于一般的运转条件、常规温度及常用的过盈配合；在高温、高速、低噪声、低摩擦等特殊条件下工作的轴承则宜选用大的径向游隙；精密主轴、机床主轴用轴承等宜选用较小的径向游隙；滚子轴承可保持少量的工作游隙；另外，对于分离型的轴承则无所谓游隙。轴承安装后的工作游隙，要比安装前的原始游隙小，这是因为轴承要承受配合和负荷所产生的弹性变形。

【拓展知识】

1. 红套装配技术

红套装配是过盈配合装配技术的一种，又称热配合，它是利用金属材料热胀冷缩的物理特性，在孔与轴有一定过盈量的情况下，把孔加热，使之胀大，然后将轴套入胀大的孔中，待冷缩后，轴与孔形成能传递轴向力、扭矩，或轴向力与扭矩同时作用的结合体。红套装配的优点是作业简便，比迫击配合和压配合能承受更大的轴向力和扭矩，所以应用较为广泛。对于又重又大、结构复杂的大型工件，为了解决缺乏大型设备的困难，也可采用组合红套装配的方法。如万匹柴油机的曲轴，就是将主轴颈和曲柄分别制造后，将它们组合红套成一个整体曲轴的。要使红套装配顺利进行，必须掌握两点：一是红套时的加热方法和温度；一是配合的过盈量。

红套装配是依靠轴、孔之间的摩擦力来传递扭矩的，摩擦力的大小与配合过盈量的大小有关。过盈量太小，传递扭矩时孔与轴就会松动；过盈量越大，则摩擦力越大，但当过盈量太大时，孔的附近将会产生过大的配合应力，增加了配合的塑形变形，因而实际过盈量增加并不多。

红套装配的过盈量需有适当的数值。根据红套实践经验，过盈量的经验公式如下

$$\delta \approx 0.04d/25 \tag{3-2}$$

式中　δ——轴、孔间的过盈量（mm）；

　　　d——轴和孔的公称直径（mm）。

即每 25mm 直径需 0.04mm 过盈量。

2. 平衡

（1）叶轮静平衡　静平衡是将长径比很小的圆盘状转子在静力平衡下确定其不平衡量的位置，在一个平面内进行平衡，如图 3-28 所示。

叶轮静平衡作业步骤如下：

1）将带键的平衡心轴与叶轮装配。

2）将与心轴装配后的叶轮置于平衡架上，测量叶轮两侧轮毂端面，使其与两平行导轨距离相等。

3）使叶轮向一方轻缓滚动，等自然停止，在最低点做标记。然后使叶轮反方向滚动，在最低点做标记。如此反复操作 3~4 次，各次标记的平均位置，就是叶轮不平衡重的方位。在上部最轻位置加上一定量的油泥进行配重，然后重复上述操作，将油泥的位置和重量进行

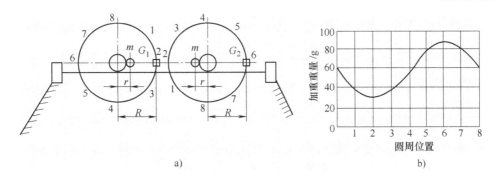

图 3-28　用试重周移法进行叶轮静平衡

a）试重周移过程　b）试重周移曲线

调整，直至将叶轮放在试验架上自由滚动，在任何位置都能停留时，就达到了静平衡。

4）取下油泥，用天平称重，然后在与叶轮粘油泥处 180°的相对位置做好标记，并取下叶轮。

5）叶轮去重：

①对于闭式叶轮，将叶轮进行偏车，叶轮用自定心卡盘夹持，夹持时使叶轮需去重的一端向外倾斜，或在叶轮需去重一端的 180°方向的卡爪上垫垫片，使叶轮偏心。按上述夹持方法，可以使车刀先切削标记处，根据配重油泥重量，在标记处车去相应的切屑，切削厚度不能超过叶轮盖板厚度的 1/3。

②对于开式叶轮，用铣床从偏重方向的后盖板端面外圆处去重，切削厚度不能超过叶轮盖板厚度的 1/3。

取下叶轮进行复试。如果不符合产品图样要求的允许不平衡克数，重复进行上述操作过程，直至达到图样要求。

（2）刚性转子动平衡　刚性转子动平衡时，假定转子回转时不会由于不平衡质量的离心力作用，使转子产生弯曲变形。刚性转子动平衡一般在低速动平衡机上进行。

转子动平衡前需要先完成一定的准备工作，如将转子上的零、部件装配齐全，零、部件先经过静平衡，清洗转子轴颈，用压缩空气吹净转子各部位的铁屑等杂物。

（3）挠性转子动平衡　将挠性转子简化为一简支梁，梁在其弹性稳定平衡位置附近会发生多种形式的微小振动，其中横向振动是挠性转子动平衡的理论基础。

讨论　为什么高速转动的转子必须校验其动平衡性能？

【技能训练】

■任务

分小组对车床主轴箱或齿轮箱等器材进行轴承安装与调试，每组 3～5 人，每组装配 1 台。

■分析与实践

1）整理场地。

2）领器材、工具、量具。

3）观看车床主轴箱或齿轮箱的内部结构视频或动画。

4）了解并分析车床主轴箱或齿轮箱中有关轴承的装配工艺。

5）在教师指导下学生设计并制作轴承安装工具。

6）在教师指导下学生独立进行装配与调试作业。

■教师检验、点评与评分

轴承安装质量评分表见表3-2。

表 3-2　轴承安装质量评分表

考核内容	考核要求	配分	得分
5S 工作	符合 5S 规范	10 分	
理论知识	了解车床主轴箱或齿轮箱内部结构及工作原理，了解并分析轴承安装工艺。熟悉轴承拆卸方法。设计轴承安装工具	30 分	
实际操作	制作轴承安装工具。按工艺卡要求作业，作业规范，工具、量具使用正确。能正确进行轴承游隙的测量和调试。能正确进行轴承的拆卸	40 分	
装配质量检验	装配质量符合要求。齿轮箱转动正常。拆卸后无零件损坏（易损件除外）	10 分	
安全工作	穿戴整齐，劳动保护正确，遵守操作规程，无事故，有预防措施	10 分	
总　　计		100 分	

注：安全不及格，则本次实践成绩评定为不及格。

【课外作业】

一、填空题

1. _____工作平稳、可靠、无噪声。

2. _____主要是由一个有外球面的内圈和一个有内球面的外圈组成的特殊结构的滑动轴承。能承受较大的负荷。

3. 滚动轴承是将运转的轴与轴座之间的滑动摩擦变为_____，从而减少摩擦损失的一种精密的机械元件。

二、判断题

1. 轴承表面涂有防锈油，必须用清洁的汽油或煤油仔细清洗，再涂上优质的润滑脂方可安装使用。清洁度对轴承寿命和振动噪声的影响非常大。全封闭轴承也必须清洗加油。

2. 润滑轴承时，润滑脂不是越多越好。轴承和轴承内部空间过多的润滑脂将造成润滑脂的过度搅拌，从而产生极高的温度。轴承充填润滑脂的数量以充满轴承内部空间 1/2 ~ 1/3 为宜，高速时应减少到 1/3。

三、选择题

1. 不是滚动轴承的组成部分的是（　　　）。

（A）内圈、外圈　　　（B）滚动体　　　（C）保持架　　　（D）润滑剂

2. 不适合对圆柱孔滚动轴承进行拆卸的方法是（　　　）。

（A）液压法　　　（B）油压法　　　（C）温差法　　　（D）低温法

四、简答题

1. 整理本任务的主要知识点、技能点。

2. 简述滚动轴承装配的基本原则。

3. 采用油压法拆卸安装在圆锥颈上的圆锥孔滚动轴承时应如何进行操作?

【阅读材料】

深沟球轴承安装中几种常见问题与改进

吴兖波（浙江特畅恒实业有限公司）

在旋转机构中，轴承作为旋转部件决定着机构的旋转精度、性能和寿命。轴承安装对轴承的精度、性能和寿命起关键的作用。

1. 轴承在安装过程中一般应遵循的原则

1) 轴承安装到轴上时，轴向作用力应施加在内圈端面上，不得施加在外圈端面上并通过外滚道、滚动体、内滚道将力传递到内圈，使内圈与轴产生相对移动。

2) 轴承安装到轴承座内时，轴向作用力应施加在外圈端面上，不得施加在内圈端面上并通过内滚道、滚动体、外滚道将力传递到外圈，使外圈与座孔产生相对移动。

若违背以上原则，则会导致轴承性能下降，甚至过早失效。

2. 安装存在的问题及改进措施

1) 将轴承装入轴承座内时，直接压内圈端面。在图 3-29 中，上模头 1 压轴承内圈端面，将其安装到轴承座内。上模头施加的作用力通过内滚道、钢球、外滚道顺序传递到外圈上，这样钢球会在滚道接近挡边处冲击出微小凹坑，从而破坏滚道的精度，轴承工作时会出现较大的噪声和振动。

为此，对安装方法进行了改进，如图 3-30 所示。上模头 1 对外圈端面施加作用力，安装过程中，由于施加的安装力由外圈承受，钢球没有传递压力，因而滚道不会受到破坏。

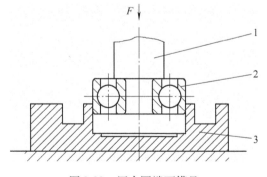

图 3-29 压内圈端面模具
1—上模头 2—轴承 3—轴承座

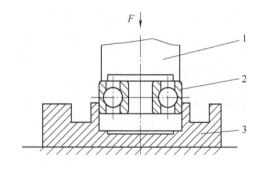

图 3-30 压外圈端面模具
1—上模头 2—轴承 3—轴承座

2) 利用一副压模分 2 次把轴承安装到轴承座和轴上。不恰当的安装方法如图 3-31 所示。首先，将轴承安装到轴承座内时，由于下模凸台与内圈端面间存在一定间隙（此时假设内、外圈宽度相等或外圈宽度大于内圈宽度），钢球没有传递压力，安装方法合理（图 3-

31a）。但随后在将偏心块的轴端安装到轴承内孔时（图 3-31b），由于下模凸台没有支撑轴承内圈端面，因此，安装过程中压在偏心块上的力通过钢球传递到了外圈上，使轴承滚道接近挡边处产生微小凹坑，从而破坏了滚道的精度。在图 3-31 中，如果内圈宽度大于外圈宽度时，安装偏心块的轴端到轴承内孔时不会出现问题，但轴承装入轴承座中时会出现上述问题。

为了避免这种损伤，对模具进行了改进，如图 3-32 所示。安装轴承到轴承座内时，轴承没有损伤。把偏心块轴端安装到轴承内孔时，由于凸台的高度比轴承座的 H 尺寸大 0.4mm 左右，因此压力全由内圈承受，钢球不传递压力，不会损伤轴承。

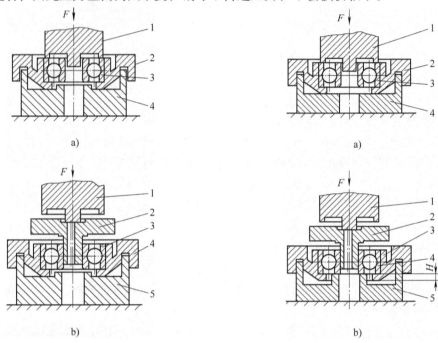

图 3-31　原模具
a）轴承与轴承座安装
1—上模头　2—轴承座　3—轴承　4—下模
b）轴承与轴安装
1—上模头　2—偏心块　3—轴承　4—轴承座　5—下模

图 3-32　改进后模具
a）轴承与轴承座安装
1—上模头　2—轴承座　3—轴承　4—下模
b）轴承与轴安装
1—上模头　2—偏心块　3—轴承　4—轴承座　5—下模

3）转子两端轴承一次安装。如图 3-33 所示，由于模具设计不合理，在安装过程中会损伤滚道。上轴承安装时，钢球不传递压力，然而下轴承安装时，压在转子上的力会通过内圈和钢球传递到外圈上，使滚道在接近挡边处产生微小凹坑，从而破坏轴承滚道的精度。

为了避免这种损伤，对模具进行了改进，如图 3-34 所示。在下模内增加一个凸台垫圈，让其支撑轴承内圈的端面，这样钢球就不会传递压力，从而避免了轴承的安装损伤。

4）安装密封轴承时轴承座形成密封腔。采用图 3-35 所示结构的模具将密封深沟球轴承装入轴承座时，由于轴承外径与轴承座之间为过渡配合，同时上模头的定芯与轴承内径之间的间隙过小（0.015mm 左右），在轴承被瞬间快速压下时，密封腔内的空气不能顺利地通过上模定芯和轴承内径间的间隙排出，于是高压空气从密封圈与套圈密封牙口间的间隙排到上模内，从而造成密封圈从套圈密封牙口内脱落，使轴承过早失效。

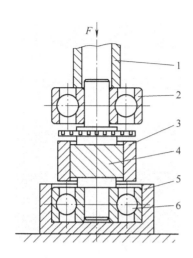

图 3-33 轴承安装到转子两端的原模具

1—上模头 2—上轴承 3—固定架
4—转子 5—下模 6—下轴承

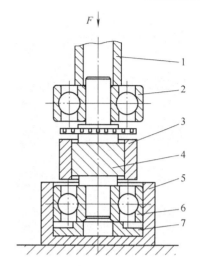

图 3-34 轴承安装到转子两端的改进模具

1—上模头 2—上轴承 3—固定架 4—转子
5—下模 6—下轴承 7—凸台垫圈

针对这种情况，对上模进行了改进，结构如图 3-36 所示。将上模定芯铣出一个小平面，并在上模上钻 4 个呈十字交叉的排气孔，这样密封腔内的空气就能够顺利地经排气通道排出，避免了密封圈的脱落。

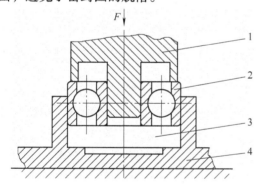

图 3-35 安装密封轴承的原模具

1—上模头 2—轴承 3—密封腔 4—轴承座

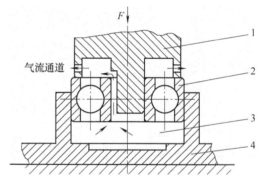

图 3-36 安装密封轴承的改进模具

1—上模头 2—轴承 3—密封腔 4—轴承座

总之，轴承安装时必须采用合理的工装模具及方法，减少轴承的损伤及不必要的返工，从而降低生产成本。

任务 3.3　密封件装配

【实训器材】

齿轮泵。

工作台、工具、夹具。

【基础知识】

1. 密封件

密封件是防止流体或固体微粒从相邻结合面间泄漏，以及防止外界杂质如灰尘与水分等侵入机器设备内部的材料或零件。图 3-37 所示为一种密封件。

2. 密封件分类

按作用分类：轴用密封件、孔用密封件、防尘密封件、导向环、固定密封件、回转密封件等。

按材料分类：丁腈胶、三元乙丙橡胶、氟橡胶、硅胶、氟硅橡胶、尼龙、聚氨酯、工程塑料等。

3. 密封件装配注意事项

在机械中，由于密封失效，常常出现"三漏"（漏油、漏水、漏气）现象。这种现象轻则造成能量损失，降低或丧失工作能力，造成环境污染，重则可能造成严重事故。因此，防止"三漏"极为重要。流体

图 3-37　密封件

漏损的原因可能是由于密封装置的装配工艺不符合要求，也可能是由于密封件被磨损、变形、老化、腐蚀所至，而后者也往往与装配因素（包括密封材料、预紧程度、装配位置等）有关。为此，在装配工作中必须给以足够的重视。

（1）选用合适的密封材料　一般要根据不同的压力、温度、介质选用密封材料。纸质垫片只用于低压、低温条件；橡胶耐压、耐温能力不高，且要考虑各种橡胶的不同性能，如耐油、耐酸、耐碱等；塑料的耐压能力较好，但不耐高温；石棉强度较低，但耐高温；金属则兼有耐高温、高压的能力。

（2）合理装配　要有合适的装配紧度，并且压紧要均匀。当压紧度不足时，会引起泄漏，或者在工作一段时间后，由于振动及紧定螺钉被拉长而丧失紧度，导致泄漏。压紧度过紧，对静密封的垫片来讲，会丧失弹力，引起垫片过早失效；对动密封来讲，会引起发热、加速磨损、增大摩擦功率等不良后果。正确的紧度，以 O 形密封圈为例，其预紧变形度应在 8% ~30% 之间。

4. 密封件的装配技术要求

1）装配密封件时，对石棉绳和毡垫应先浸透油；对油封和密封圈，装配前应先将油封唇部和密封圈表面涂上润滑脂（需干装配的除外）。

2）油封的装配方向应使介质工作压力把密封唇压紧在轴上（图 3-38），不得装反。

3）若轴端有键槽、螺孔、台阶等，为防止油封或密封圈损坏，装配时可采用装配导向套（图 3-39）。

4）装配密封件时必须使其与轴或孔壁贴紧，以防渗漏。

5）装配端面密封件时，必须使动、静环具有一定的浮动性。

6）装配重叠的密封圈时，各圈要相互压紧，开口方向应朝向压力大的一侧。

5. 密封方式

密封方式按使用的密封材料不同可分为填料密封、机械密封、迷宫密封和胶密封。

（1）填料密封的装配

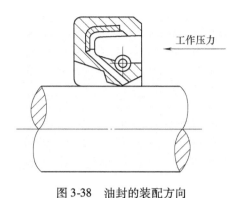

图 3-38　油封的装配方向

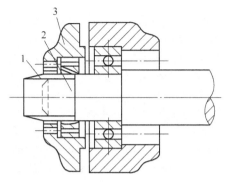

图 3-39　用导向套装配密封件
1—装配导向　2—轴　3—油封

1）软填料密封的装配。软填料主要有绞合填料、编结填料、塑性填料、金属填料等。填料腔的结构形式见表 3-3。

①用百分表检测轴在密封部件的径向圆跳动，跳动量应在允许公差范围内。

②填料环的接头一般取 45°或 30°的斜切口。

③将填料均匀、密实地充满填料腔；在填料与轴的接触处涂适量的与介质相适应的滑润剂。

④压紧压盖，应交替拧紧各螺钉，使压力均匀。

⑤进行试运转，若密封效果不佳，可进一步拧紧螺钉；若发热过大，可稍稍松开螺钉。

表 3-3　填料腔的结构形式

类型	简图	特点及应用
内圆调心式填料腔		装有柔性材料对中环，轴套或外套可调心对中。用于轴有较大振动和偏摆的场合。不磨损轴
锥面填料腔		锥面填料腔与离心锤组成离心式停车密封，作为动力型密封装置的辅助密封
外圆调心式填料腔		装有柔性材料对中环，轴套或外套可调心对中。用于轴有较大振动和偏摆的场合。不磨损轴

（续）

类型	简图	特点及应用
填料旋转式填料腔		填料处于旋转状态，摩擦面位于填料外圆面，散热效果良好，可用于高速旋转设备
双填料腔		双填料腔叠加，可引入液体冲洗、冷却或收集残液。可用于易燃、易爆或有毒介质

2）成形填料密封的装配。成形填料已经标准化，统称为"密封件"，一般用于接触密封，靠密封件在装配时的压缩力和工作时的介质压力，使密封件产生弹性变形，形成弹性接触力，起到密封作用。

①唇形密封圈装配。装配前仔细检查密封件及轴的密封部位。装配中不得损坏密封件或使密封件受力过大。可以在密封件上涂上适当的润滑剂或适当加热后再装配。对成组填放的唇形密封圈，装配时将各圈相互压紧，其开口朝向压力较大的一侧。

②O形密封圈装配。O形密封圈是压缩性密封件，除本身尺寸外，其沟槽尺寸也已标准化。装配时先将密封件放入沟槽，涂上适当的润滑剂，再连同有沟槽的零件一起装到偶件上。

（2）机械密封的装配　机械密封是用于旋转轴的动密封，又称端面密封，其主要特点是密封面垂直于旋转轴线，并且由弹性元件、辅助密封圈等构成轴向磨损补偿机构，如图3-40所示。

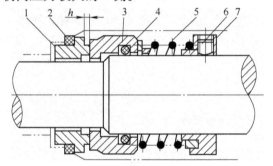

图3-40　机械密封结构
1—静止环　2—静止环密封圈　3—旋转环
4—旋转环密封圈　5—弹簧
6—紧固螺钉　7—弹簧座

1）机械密封的性能要求。

机械密封的适用范围：工作压力0～10MPa（密封腔处压力）；工作温度-20～80℃（密封腔处温度）；轴（或轴套）外径10～120mm；转速≤3000r/min；介质为清水、油类和一般腐蚀性液体。机械密封的性能要求见表3-4。

表3-4　机械密封的性能要求

项目	使用条件	性能要求	备注
泄漏量	轴或轴套外径≤50mm	≤3mL/h	特殊条件及密封气体时不受此限
泄漏量	轴或轴套外径>50mm	≤5mL/h	特殊条件及密封气体时不受此限

（续）

项　目	使用条件	性能要求	备　注
静压试验泄漏量	轴或轴套外径≤50mm	≤3mL/h	试验压力为最高使用压力的1.5倍，持续15min
静压试验泄漏量	轴或轴套外径>50mm	≤3mL/h	试验压力为最高使用压力的1.5倍，持续15min
磨损量	—	0.02mm/100h	指软环材料的磨损量，通常以清水为试验介质

2）机械密封的安装要求。机械密封的安装要求见表3-5。

表3-5　机械密封的安装要求

项　目	内　容	使用条件	数　值
对密封部位轴或轴套的要求	径向圆跳动	外径10~50mm	≤0.04mm
对密封部位轴或轴套的要求	径向圆跳动	外径>50~120mm	≤0.06mm
对密封部位轴或轴套的要求	表面粗糙度	—	≤$Ra3.2\mu m$
对密封部位轴或轴套的要求	外径尺寸公差	—	h6
对旋转轴的要求	轴向窜动量	—	≤0.01mm
对密封腔体定位端面的要求	表面跳动	轴或轴套外径10~50mm	≤0.04mm
对密封腔体定位端面的要求	表面跳动	轴或轴套外径>50~120mm	≤0.06mm

3）机械密封的装配要点。

①装配前先检查轴或轴套的圆跳动、轴向窜动，以及各密封件及辅助元件的清洁度、表面质量。

②对平衡型机械密封，在轴肩上一般保持2~3mm间隙，防止旋转环在轴肩上"压死"。

③弹簧装配时，注意其旋向应使之在轴转动时越旋越紧。

④装配后，按工作旋向转动轴，检查轴转动是否灵活。

（3）迷宫密封的装配　迷宫密封是利用流体流经一系列节流间隙和膨胀空腔组成的通道，使工作介质产生节流效应，以限制泄漏，主要用于密封气体，也可以用于密封液体。

迷宫密封的密封性能好，在高温、高速、高压和大尺寸等条件下都特别有效，一般不需要经常维修。密封零件加工精度要求高，装配时要严格保证精度，否则可能因为间隙小，机器运转不良发生磨损，从而降低密封性能。

（4）胶密封的装配

1）液态密封胶。

①常用液态密封胶的种类和性能。液态密封胶按涂敷后成膜性状可分为：

干性附着型：有类似黏合剂的性能，涂敷后因溶剂挥发而牢固地附于结合面上。有较好的耐热、耐压性能，但可拆性差，不耐冲击和振动。

干性可剥型：涂敷后形成柔软而有弹性的薄膜，附着严密、耐振动，良好的剥离性，可用于较大和不甚均匀的间隙。

非干性黏型：涂敷后长期保持黏性，耐冲击振动性好，有良好的可拆性。

半干性黏弹性型：兼有干性和非干性的优点，能永久保持黏弹性，具有耐压和柔软的特点。

②液态密封胶的选用。当密封结合面之间的间隙小于 0.1mm 时，可单独用液态密封胶密封；大于 0.1mm 时，液态密封胶应与固体垫片一起使用才能达到有效密封。

需经常拆卸或紧急维修的部位应采用非干黏型液态密封胶。

需大面积涂敷的部位不宜采用含挥发较快的溶剂的密封胶。

要求耐振动、间隙较大的部位宜采用半干黏弹型液态密封胶。

若液态密封胶的黏度太大，可用该胶规定的稀释剂稀释，以便于施工。

③液态密封胶的装配要点。

预处理。对结合面的锈蚀、油污、杂质必须清除干净。油污较多时可用工业丙酮、汽油或各种金属表面清洗剂清洗，再用干净的不易脱落纤维的织物擦干。油污较少时可直接擦干。

涂胶。可用毛刷、滚子、刮板等工具刷涂、抹涂。保证胶层连续、均匀、无气泡。当与固体垫片一起用时，在垫片的两面和结合面均应涂胶。涂敷厚度视密封面的加工精度、平整度、间隙值等情况而定，一般控制在 0.1 ~ 0.5mm 内。

干燥。含有溶剂的液体密封胶涂敷后需要经过一段时间的自然干燥再装配紧固。干燥时间与胶的牌号、环境温度、溶剂种类、胶层厚度有关，一般取 2 ~ 8min。无溶剂的液态密封胶可不经干燥，涂覆后立即紧固，也可放置较长时间后再紧固。

紧固。紧固时要保证各处受力均匀，紧固后不能错动密封部位。一般结合面压紧力较大时，密封效果较好。

清理及后干燥。清理干净紧固后挤出的余胶。采用含有溶剂的液态密封胶时，紧固后需12 ~ 24h 的后干燥时间，待溶剂充分挥发后才能使用。

2）厌氧胶。厌氧胶粘剂简称厌氧胶，是利用氧对自由基阻聚原理制成的单组分密封粘和剂，既可用于粘接也可用于密封。当涂胶面与空气隔绝并在催化的情况下便能在室温快速聚合而固化。

①常用厌氧胶的性能。厌氧胶是单组分常温固化密封胶，在常温下保存时有良好的稳定性，使用时有良好的流动性。厌氧胶广泛用于螺纹联接孔密封、管螺纹密封、法兰面、机械箱体结合面的密封。

②厌氧胶的选用。选用时通常根据使用条件、密封件的材料和密封面状态、密封介质的种类、特征及涂胶工艺等要求综合考虑。

使用条件包括受力状态、工作温度、环境情况以及密封件是否要求可拆卸等。在力作用下会产生局部剥离或承受冲击载荷的场合，应选用强度较高的胶；当温度高时，应选用耐高温的胶；交变温差较大时，选用韧性较好的胶。

密封件的材料和密封面状态：对非金属材料可选用较低强度的胶，金属材料用高强度胶。密封面间隙较小或表面光滑时可用较低强度的胶，间隙大时用高强度胶。

密封介质：密封气体时宜用膜性好的胶。密封液体时要注意胶与介质的相容性，两者不能相互溶解。

③厌氧胶的装配要点。

预处理。结合面的表面粗糙度要求宜为 $Ra12.5 ~ Ra25\mu m$，否则应进行适当处理，使之接近这一要求。结合面必须清除干净，不能用煤油、柴油清洗。一般控制结合面间隙在 0.1mm 左右。

涂加速剂及涂胶。对需要涂加速剂的场合，一般先涂上加速剂，待溶剂挥发、晾干后再涂胶。对于需要调整的装配过程，应避免使用加速剂。胶液应均匀涂抹到结合面上，对旋入件和插入件，应将胶涂敷到最先接触端的四周。胶液用量要适当，避免密封不严或胶液流淌。

装配及紧固。涂敷胶液后即可贴合或拧上零件。必要时需加以紧固。

清理、检查。擦除多余的胶液。固化后试车检查密封是否可靠。

【拓展知识】

1. 齿轮泵

齿轮泵是依靠泵缸与啮合齿轮间所形成的工作容积变化和移动来输送液体或使之增压的回转泵，其工作原理如图3-41所示。由两个齿轮、泵体与前后盖组成两个封闭空间，当齿轮转动时，齿轮脱开侧的空间的体积从小变大，形成真空，将液体吸入，齿轮啮合侧的空间的体积从大变小，而将液体挤入管路中去。吸入腔与排出腔是靠两个齿轮的啮合线来隔开的。齿轮泵的排出口的压力完全取决于泵出处阻力的大小。

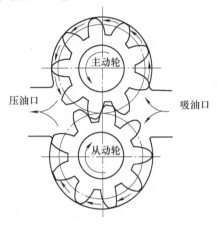

图3-41 齿轮泵的工作原理

讨论 如何选择齿轮泵的密封件？

2. 密封圈永久变形

在有压力情况下，为防止出现永久塑性变形，O形密封圈允许的最大压缩量，在静密封中约为30%，在动密封中约为20%。不同材质、不同使用场合、不同工况允许的O形密封圈变形量都不一样。

3. 密封垫

密封垫广泛应用于管道、压力容器以及各种壳体结合面的静密封中，分非金属密封垫、非金属与金属组合密封垫（半金属密封垫）和金属密封垫3大类。

密封垫是以金属或非金属板状材质，经切割、冲压或裁剪等工艺制成，用于管道之间的密封连接，机器设备的机件与机件之间的密封连接。金属密封垫有铜垫片、不锈钢垫片、铁垫片、铝垫片等。非金属密封垫有石棉垫片、非石棉垫片、纸垫片、橡胶垫片等。

橡胶密封垫（图3-42）为一种自膨胀密封垫片，属于管道密封部件，由外层环、中间膨胀环及内层环3部分构成。外层环和内层环为一般的弹性密封环，中间膨胀环的中心有一环泡结构，两边为空心环，环外侧密封，环内侧开口。外层环和内层环都分为2部分，装在中间膨胀环环泡结构的内外侧。

图3-42 橡胶密封垫

4. 密封垫的制作

密封垫的手工制作如图3-43所示。

1）对原密封垫的内径和外径进行描边。

2）用剪刀沿着内径和外径的描线进行剪切。

图3-43　密封垫的手工制作

3）要求较高时，可以采用如图3-44所示的工具制作。

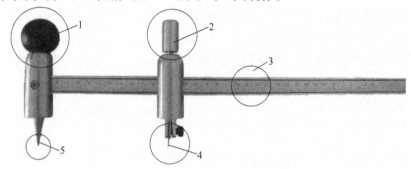

图3-44　密封垫制作工具

1—符合人机工程，易操作　2—调节方便可靠　3—刻度
方便、精度高　4—刀片更换方便　5—落脚稳定

【技能训练】

■任务

分小组进行齿轮泵的密封件装配，每组3~5人，每组装配1台。

■分析与实践

1）整理场地。

2）领器材、工具、量具。

3）观看齿轮泵的内部结构视频或动画，了解密封件的装配工艺。

4）在教师指导下学生独立进行密封件装配作业。

■教师检验、点评与评分

密封件装配质量评分表见表3-6。

表3-6　密封件装配质量评分表

考核内容	考核要求	配分	得分
5S工作	符合5S规范	10分	
理论知识	了解齿轮泵内部结构及工作原理，了解各种密封件的情况，了解密封件装配工艺。了解密封垫制作工具	30分	

（续）

考核内容	考核要求	配分	得分
实际操作	按工艺卡要求作业，作业规范，工具、量具使用正确	40分	
装配质量检验	密封质量符合要求	10分	
安全工作	穿戴整齐，劳动保护正确，遵守操作规程，无事故，有预防措施	10分	
总 计		100分	

注：安全不及格，则本次实践成绩评定为不及格。

【课外作业】

一、填空题

1. _____是防止流体或固体微粒从相邻结合面间泄漏，以及防止外界杂质如灰尘与水分等侵入机器设备内部的材料或零件。

2. 齿轮泵是依靠泵缸与啮合齿轮间所形成的_____变化和移动来输送液体或使之增压的回转泵。

二、判断题

1. 橡胶密封垫为一种自膨胀密封垫片，属于管道密封部件，由外层环、中间膨胀环及内层环3部分构成。

2. 不同材质、不同使用场合、不同工况允许的O形密封圈变形量都是一样的。

三、选择题

1. 在机械中，由于密封失效，常常出现"三漏"现象。下列现象不是"三漏"现象的是（　　）。

（A）漏油　　　　　（B）漏电　　　　　（C）漏水　　　　　（D）漏气

2. 密封方式按使用的密封材料不同可分为多种方式，下列方式不属于密封方式的是（　　）。

（A）填料密封　　　　（B）迷宫密封　　　　（C）胶密封　　　　（D）金属密封

四、简答题

1. 整理本任务的知识点、技能点。

2. 简述油封的安装技术要点。

3. 简述密封垫的制作步骤。

【阅读材料】

先进的轴承密封技术

吴兖波（浙江特畅恒实业有限公司）

Timken公司开发出一种新的低阻力高性能轴承密封技术，该技术结合了唇形和迷宫式密封技术的优点，其产品通过了25万h的密封合格试验。这种先进的液动迷宫（HDL）密封代表了套筒式锥形滚珠轴承在铁路轴承技术领域的一次重大进展。

HDL密封是一个三唇、非接触液动迷宫式密封。安装时外密封体被压装到与轴承外圈相对应的基座内，而内护圈被压装到与轴颈一起旋转的密封环或支撑环上。

主密封在弹性密封件与内护圈之间的非接触迷宫内完成。密封件内特别设计的凹口与旋转护圈形成了液动密封以保持润滑脂。为了向轴承提供润滑脂流，具有双向旋转泵送能力的该液动机构被设计在迷宫式主密封体内，这个主密封体反过来将润滑脂保持在轴承接触区域内。一个延长的柔性二级密封唇（轻微接触）阻止污物和灰尘进入轴承内腔，第三个密封唇或抛油环在其自身和挡尘唇之间形成一个储油室以阻止水和其他污染物进入。

由于 HDL 密封的主密封表面不接触旋转内护圈，其他唇只施加很低的接触压力，新密封件所产生的总力矩要比双唇弹簧加载的密封件产生的力矩小 60% 以上，其导致的低能量消耗使轴承系统内的工作温度大大降低。用于铁路领域的 Timken 套筒式轴承，其免维护能力高达 10 年或 10 万走行千米。

任务 3.4　自动化装配

【实训器材】

回转式装配机或直进式装配机。

工作台、工具、夹具。

【基础知识】

1. 自动化装配概述

采用自动化装配的目的是提高劳动生产率，降低生产成本，保证产品质量，特别是能大幅度减轻或取代特殊条件下的人工装配劳动。随着机床装备技术的进步、工程设计能力的提高，自动化设备的应用急剧增加。计算机控制的机床能加工复杂机械零件，电子元件能自动安装在电路板上，机器能百分之百地检查所有零件，在自动装配线上能完成零件的自动定位、装配和检验等。

大多数商业自动化主要是为了降低成本，增加产品在市场上的竞争力。与手工装配操作相比，自动化装配的效益主要包括以下几个方面：①降低产品单位成本；②保证产品质量及其稳定性；③消除危险人工操作；④增加产品备用生产能力。

半自动化作业就是工人起着控制、监视、补充或配角作用的操作过程。到目前为止，占优势地位的工程作业实际上一直是半自动化，而不是全自动化，这是因为人、机配合在解决棘手任务时往往更有效率。

2. 工厂中的装配机器

尽管机器人对一些制造业很重要，但它仅仅是全部自动化生产现场的一小部分。管理和分析与工厂作业有关信息的计算机和通信网络起着主要作用。另外，每一台生产设备都有它自己独特的作用。制造和装配设备以及它们所能满足的最适宜的工艺，都会有很大的不同。

尽管降低产品单位成本是选择自动化工艺的主要动力，但在危险岗位、特殊环境、单调枯燥的作业或能极大提升产品质量和生产率的生产领域，也有必要采用工艺自动化。此外，产品本身应该设计成适合自动化生产，同时，设计上的变更应很容易地传达到车间。如果许多现存产品是基于手工装配而进行设计的，那么它们将不能有效地应用自动化工艺。

3. 自动化基本概念

自动化的一个关键准则是：零件的设计必须与自动进料机构的要求相匹配。零件通常以散装元件形式进入装配机器。它们放置于给料器（料斗）内，沿导轨进入装载位置。无论给料器是振动式、旋转式还是摇摆式，都是依靠重力或摩擦力，或者同时依靠重力和摩擦力来使零件运动。通过选通装置或定向装置，仅使那些处于合适的姿势或位置的零件进入导轨。

自动化效率受使用的给料系统类型的影响。例如，在需要完成大量的定向功能时，非振动式给料器的使用就受到限制。有时零件的几何外形是个非常关键的因素。柔性零件在给料器内可能会缠结在一起；滚筒驱动力可能会使零件变形，因此，在滚筒上进行零件定向是不可能的；由于储存和装卸引起的零件变形同样可能会引起很大的困难。

铸造或压铸零件分型面边线毛刺，这种问题从不会出现在零件图上。在零件进行机械操作前，零件对湿度、静电和剩磁的敏感性可能表现得并不明显。有时，为了后面的工序必须对一些特殊的装配面（称为关键面）做好保护。在这种情况下，可能会排除或限制使用某些自动给料方法。

零件铸造缺陷或破损都会降低给料效率。在一定程度上，给料器内的外来物会改变给料器的性能。这不仅包括在进行加工时的待装配物料，还包括来自于上一加工过程残留的无关零件。

在产品主体即基础件上安装正确定向的零件时会产生问题。例如，基础件必须要有足够的强度经受装配力。一般说来装配力不会像机械加工的切削力那么大，但在装配上需要冲压、精整和切削加工时除外。高生产率可能会增大这些力。

基础件必须精确地定位在装配机上。这就需要定位夹具、定位面、精确定位孔等。零件以简单的短距离直线运动才能最有效地被安装在基础件上。零件可能需要抓取，这就要求驱动力要附带有定时和控制功能。如果抓取零件不可行，那么可以使用真空吸附方式来输送零件。虽然有时也可以使用磁场力来抓取零件，但尽量不使用这种方式，这是因为吸附在设备上的金属碎片和灰尘会使设备性能快速降低。同时，在总装中剩磁是不能接受的。

4. 自动装配机分类

（1）标准基型装配机　标准基型装配机有4种基本类型：

①回转式装配机。

②直进式装配机。

③浮式工作台装配机。

④连续运动式装配机。

为了满足自动化装配的特殊要求，还需要增加专用工具。从最大效益成本比考虑，先确定一个标准操作工位。标准操作工位可以完成进料、定向、检验以及验收/拒收测试。标准基型装配机和标准操作工位是设计、制造和使用机器进行大规模生产时所累积的生产经验的产物。

1）回转式装配机。回转式装配机把一个机械驱动的环型回转工作台或基座盘和一个凸轮驱动的分度盘组合在一起。一个圆形非旋转工作台能同时升降一个往复式加工台，这个加工台通常安装在大型旋转基座中央。装配工位安装在分度盘外沿四周。送料、装配和检验点安装在装配工位四周或上方，或者安装在上升加工台上。

回转式装配机具有如下优点：

①更好的机器可及性和更小的占地空间。回转式装配机的环形圆盘布局使得机器更加自然紧凑。良好的机器可及性提高了作业效率以及简化了机器维护。

②对多种操作更好的适应性。包括了中心分度机构和往复加工工作台的回转式装配机，提供了简单的旋转和升降运动，从而对许多自动装配操作有很好的适应性。图3-45所示为一回转式装配机。与之相比，前面描述的回转式装配机附加了一个往复式工具台，它固定在回转台上。

2）直进式装配机。直进式装配机有一个方形机架，它安装在用以驱动循环式传送的回转机构上。在进行不同装配作业时，固定和传送产品的装配装置被安装在传送机构上。零件给料器、工作站和检验工位顺着加工流程向前布置。沿着装配机，按照顺序，零件被送入指定的装配工位、完成操作和检验，直到产品装配完成，如图3-46所示。

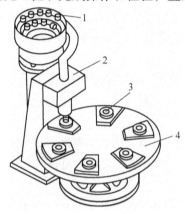

图 3-45　回转式装配机
1—料斗　2—固定工作头　3—装配工位
4—回转式工位工作台

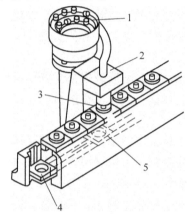

图 3-46　直进式装配机
1—料斗　2—固定工作头　3—装配工位
4—上升随行夹具　5—回程随行夹具

直进式装配机有如下优点：

①装配工位数不受限制。

②作业装填效率高。矩形结构可以允许机器在工段中间并排布置，操作员可以从工段中心有效地监控所有的工作岗位。

③可以在两个或三个方向上同时进行操作。

3）浮式工作台装配机。在浮式工作台装配机中，零件进入一个歧管中，在歧管中进行零件的定向、装配和检验。为了达到流水生产线的平衡，这种系统使用分叉通道来进行串列或并列操作，系统主要由零件传送单元和模块装配单元两个主单元组成。

零件传送单元移动浮式工作台，使其依次移动到不同的模块装配单元中。每个模块装配单元由一个独立动力模块构成,这个独立动力模块含有一个或多个工作站。使用一条简单的传送带保证了系统的灵活性。模块装配单元可以布置在较远的小仓库、有危险防护的房间、储备或处置室以及储存区等位置，为了进一步加工，可以通过零件传送单元把它们传送回主系统。

对于不间断加工以及直进式或回转式加工方式，连续传送带也允许零件输送到一个匀速运动机器上。

通过每个工作站操作工位前后顺序布置的检验器，可以检验每次装配的质量，工作站可以进行装配功能测试。

浮式工作台装配机有如下优点：

①零件可以堆放在工作站之间，以应付短时间的工作站停机。

②作业可以从系统中分离出来，在手工工作站进行，再运回到装配机。

4）连续运动式装配机。连续运动式装配机可提供不间断的装配操作。这种系统的装配能力高达 1200 次/min。零件从传送带上输送、定向，再送入机器中。在进行装配、检验和功能测试之后，组件定向，最后返回传送带。

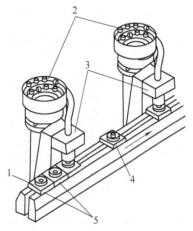

这种类型机器的优点是与其他基础机器相组合可以达到很高的生产率。图 3-47 所示为非同步输送机在两个工作台间有一个暂存位。暂存的零件会离线输送到下一个工位，然后再返回到系统中的主进给线。

通常，生产率越高的产品单位成本就会越低。装配自动化系统是按照满足产品生产率的特殊要求而进行设计的。优秀的机器设计不仅仅考虑生产率，还考虑全面的生产能力，这种生产能力包括的因素有维护性能、全年连续生产的系统效率、操作人员的培训以及产品高质量稳定性等。在每个装配自动化系统中，柔性是非常重要的。模块化工作站、空载工位和标准化动作系统能够以最短停工时间适应生产转换。

图 3-47 直进式非同步输送装配机
1—工件托盘 2—零件给料器 3—固定式工作头 4—部分完成装配的组件传送到下一工位 5—缓冲存储

5. 自动装配的检验和测试

检验和测试是为了确保在装配前零件误差在设计公差内，保证零件能够正确装配，保证产品工作可靠，从而使装配自动化比手动装配花费更少的费用和具有更高的可靠性。检验和测试的目标是为了制造出高质量的产品而不是为了检验出缺陷产品。生产实践表明，通过自动化可以提高产品质量。自动化的应用不仅可以降低产品单位成本，而且还降低产品的缺陷率，这样能降低总成本。一般来说，机器装配每次能制造出的只能是优良品——有缺陷的产品会被丢弃。

为进行产品质量检验和功能测试，装配机包含独特的储存系统。装配自动化系统能辨别设计公差和装配过程。通过拒绝有缺陷产品来确保产品质量。

一个典型的具有检验能力的装配自动化系统能执行以下操作：

①装配过程中，检查装配零件是否达到工位。

②以合适的方式剔除有缺陷的元件。

③通过探测工位，判断生产过程中关键阶段产品的状况。如果需要，在装配之前或之后能立刻百分之百地检查零件尺寸。

④如果发生缺件、多件、零件或组件定位不正确，机器立即停止生产，直到收到操作人员的纠正指令。控制面板上的指示灯指示出有问题的装配工位。

机器还可以对产品进行测试作为最终接收或拒收的标准。

6. 人机关系

由于重复性的装配操作实现了自动化，操作员疲劳性差错已不再存在。装配自动化系统通过自身的储存系统实现了自我监控功能，这样易于快速培训操作员，不论操作员经验如何，系统效率和产品质量都保持在很高的水平。

在每一个自动给料工位，内置传感器探测并预先警示操作员补充零件供应，以确保连续作业。

自动化技术已经发展到能确保机器安全操作和提供对操作员的保护。这些技术包括防护罩、屏蔽板、接地线等，避免人员伤害和机器损坏。

7. 自动装配机实例——振动盘

振动盘广泛应用于电子、五金、塑料、医药、食品、玩具、文具、日常用品的制造等行业，是解决工业自动化设备供料的必须设备，见图 3-48。

振动盘料斗下面有脉冲电磁铁，可以使料斗做垂直方向振动，由倾斜的弹簧片带动料斗绕其垂直

图 3-48　振动盘

轴做扭摆振动。料斗内零件由于受到这种振动，而沿螺旋轨道上升，直到送到出料口，其工作目的是通过振动将无序工件自动、有序、定向排列整齐，准确地输送到下道工序。

【拓展知识】

1. 机器人

广义机器人是指一种能够模仿人类某一方面功能的机器。工业机器人一般都是单臂，一般应用于装配流水线作业，能完成诸如给其他机器自动给料等重复性的任务。

装配机器人被设计成适于处理大量的标准工件。与大多数的机器人不同，这些设备被认为是现代工业机器人的先驱。它通过安装在其上的机构来控制，不适于完成其他功能。有时与我们的想象相反，改装抓取器或末端操纵机构，或重编程序使机器人在作业上的柔性更低。

工业机器人（图 3-49）由 3 个基本部分组成：

①运动系统。

②控制系统。

③头部和作业工具。

图 3-49　工业机器人

2. 运动系统

运动系统以图 3-50 所示的双轴线性-回转模型为基础，可用于高速、随动控制机器人系统来进行各种物料处理和拾取放置操作。这种由高速线性运动平台、回转台、臂和作业工具组成的机器人能保证在较大的工作范围内进行高速位置控制。可选择增加一个 Z 轴，这样就能使零件从一个高度升高（或降低）到另一个高度。

图 3-51 所示的 3 轴运动（X，Y，Z）机器人，可以在大规模生产中执行不同的操作任务。X-Y 平面的高精度定位使这种机器人更适合复杂作业，如在印制电路板上贴放元件。利用 Z 轴可以在不同铅直平面上选择和定位元件。

基本的 X-Y-Z 回转模式机器人如图 3-52 所示。它的特点是 X-Y-Z-θ 4 自由度运动以及具

有一个专用工件转动架，为机器人的应用提供了更多的功能。X-Y-Z-θ 4 自由度运动可以容许从顶部到两侧 3 个方向上对工件进行加工。转动架上安装有光电传感器，便于进行定位和自动定心。在进行多任务作业时，其他转动架位置可以安装多种工具，如螺钉旋具、方孔螺钉头用扳手和抓钳等。

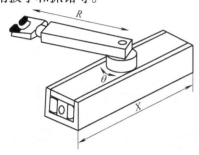

图 3-50　双轴运动系统（X，R）

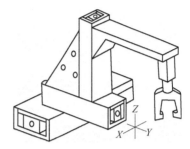

图 3-51　3 轴运动系统（X，Y，Z）

扩展工作面机器人具有 5 轴（X，Y，Z，θ_1，θ_2）运动的特点，如图 3-53 所示。在大规模生产中，在其周围 360°范围内具有极强的加工灵活性。当安装上与 4 轴模式相同的转动架后，这种机器人就能设计成具有多任务能力的装配站。它可以安放在装配流水线的某一侧进行装配操作。

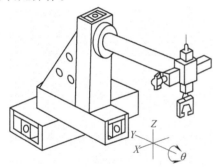

图 3-52　4 轴运动系统（X，Y，Z，θ）

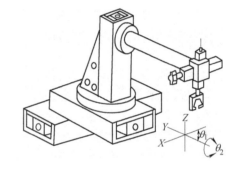

图 3-53　5 轴运动系统（X，Y，Z，θ_1，θ_2）

目前的机器人（和装配机）通常用来装配标准元件和组件，以满足特定的需求。

控制装置是一个由微处理器构成的可编程序位置控制器，它以内嵌于计算机上的计算机数字控制（CNC）系统为基础，允许通过键盘进行简单的手动编程。程序也可以从软盘或直接从中心计算机或局域网（LAN）计算机读入。

工作头包括一个回转架，它与机床的回转架相似，其上可以安装多种工具，如机械抓持器、真空吸附抓持器、螺钉旋具、上螺母器等。那种形似人手的、具有多关节和力反馈伺服装置的工作头，即出版物中经常描绘的标准机器人，事实上非常昂贵，更多是在实验室中，而不是作为工厂设备。

【技能训练】

■任务

分小组进行回转式装配机或直进式装配机作业，每组 8~10 人。

■分析与实践

1）整理场地、机器。

2）领器材、工具、量具。

3）调机。

4）装料。

5）机器作业，产品检验。

■教师检验、点评与评分

回转式装配机或直进式装配机作业量评分表见表3-7。

表3-7 回转式装配机或直进式装配机作业质量评分表

考核内容	考核要求	配分	得分
5S 工作	符合 5S 规范	10 分	
理论知识	了解并分析回转式装配机和直进式装配机的工作原理，了解振动盘的工作原理	30 分	
实际操作	按作业步骤及要求进行作业，作业规范，工具、量具使用正确	40 分	
作业结果及测量情况	装配工位调整正确	10 分	
安全工作	穿戴整齐，劳动保护正确，遵守操作规程，无事故，有预防措施	10 分	
总　　计		100 分	

注：安全不及格，则本次实践成绩评定为不及格。

【课外作业】

一、填空题

1. 标准基型装配机有4种基本类型，分别是：（1）_____装配机；（2）直进式装配机；（3）浮式工作台装配机；（4）连续运动式装配机。

2. 直进式装配机有如下优点：（1）_____不受限制；（2）作业装填效率高。矩形结构可以允许机器在工段中间并排布置。操作员可以从工段中心有效地监控所有的工作岗位；（3）可以在两个或三个方向上同时进行操作。

二、判断题

1. 机器人的广泛使用将使越来越多的工人失业。

2. 回转式装配机可以在两个或三个方向上同时进行操作。

三、选择题

1. 下列不属于标准基型装配机的是：（　　　）

（A）回转式装配机　　　　　　　　　（B）直进式装配机

（C）浮动式工作台装配机　　　　　　（D）工业机器人

2. 下列不属于机器人的三个基本部分组成的是：（　　　）

（A）运动系统　　（B）控制系统　　（C）传动链　　（D）头部和作业工具

四、简答题

1. 整理本任务中的知识点、技能点。

2. 分析振动盘的工作原理。

3. 课外查资料了解工业机器人的现状、机器换人的意义。

【阅读材料】

工业机器人

杨绍荣（金华职业技术学院）

"工业机器人"一词由《美国金属市场报》于1960年提出，经美国机器人协会定义为："用来进行搬运机械部件或工件的、可编程序的多功能操作器，或通过改变程序可以完成各种工作的特殊机械装置。"这一定义现已被国际标准化组织所采纳。

1938年3月，The *Meccano Magazine* 报道了一款搬运机器人模型，这是最早关于以工业应用为目标的机器人模型的报道。Meccano 的工业机器人由 Griffith P. Taylor 于1935年设计，通过一台电动机实现5个轴的运动。名称为 "Pollard′s Positional spray painting robot" 的专利被授权，这是一款真正意义上的工业机器人。

George Charles Devol 于1954年申请了一款机器人专利，Joseph F. Engelberger 基于该专利于1956年创立了世界上首家机器人制造公司 Unimation，并制造出名为 "Unimate" 的机器人。这是全球第一台数字化可编程序的现代工业机器人，它使用液压驱动，采用示教再现形式生成程序，程序可记忆和重复，定位精度达到万分之一英寸[⊖]，并首先被应用于 GM 公司的装配线，从事工件的搬运工作。Unimation 的工业机器人后来被允许由川崎重工和 GKN 分别在日本和英国生产。

Victor Scheinman 于1969年发明了"斯坦福机械臂"。这是一款全电动六轴铰接式机器人，在可达空间内可以设计机械臂的任意运动路径。随后，Victor Scheinman 在 MIT AI Lab 设计了被称为 "MIT arm" 的第二款机械臂，并在 Unimation 和 GM 公司支持下开发了人们熟知的 PUMA 机器人。

1973年，ABB 和 KUKA 将工业机器人推向市场。ABB 的 IRB6 是世界上第一款微处理器控制全电动的商业化工业机器人。最初的两台 IRB6 在瑞典 Magnusson 公司被用于衬管弯头的磨抛加工。KUKA 的第一代机器人称为 FAMULUS，具有6个驱动轴。在70年代后期，许多美国公司进入了工业机器人制造领域，例如 GE 和 GM，GM 与 FANUC 公司合资成立了 FANUC Robotics 公司。

目前，国际工业机器人领域四大标杆企业分别是瑞典 ABB、德国 KUKA、日本 FANUC 和日本安川电机，它们的工业机器人本体销量占据了全球市场的半壁江山。另外，美国 Adept Technology、瑞士 Staubli、意大利 Comau、日本的川崎、爱普生、那智不二越和中国新松机器人自动化股份有限公司也是国际工业机器人的重要供应商。

据国际机器人联合会统计，2013年全球工业机器人的销量达到16.8万台。目前，全球工业机器人的保有量已经超过150万台。工业机器人的应用领域不断得到拓展，所能够完成的工作日趋复杂，其主要应用行业是汽车和摩托车制造、金属冷加工、金属铸造与锻造、冶金、石化、塑料制品等。工业机器人已经可替代人工完成装配、焊接、铸造、喷涂、打磨、抛光等复杂工作。

⊖ 英寸为非法定计量单位，1in = 0.3048m。

机床数控化改造

【教学目标】

掌握机床的水平校准方法；掌握机床静态几何精度测量方法；能完成车床数控化改造过程中的机械作业。

促成目标：

1）能进行机床的水平校准。

2）能进行车床主轴的几何精度测量。

3）能进行联轴器、离合器和制动器的装配。

4）能进行导轨的铲刮。

5）能进行直线导轨的安装。

6）能进行滚珠丝杠、数控电动机的安装。

7）能进行电动机驱动系统、控制系统、编码器的安装以及电路的连接。

【工作任务】

车床的水平校准。

车床主轴精度的测量。

联轴器、离合器和制动器的装配。

滚珠丝杠、数控电动机、直线导轨的安装。

任务4.1   车床静态几何精度检测

【实训器材】

CA6140 车床。

框式水平仪（两台）。

主轴精度检验棒。

磁性表座、百分表。

工具。

【基础知识】

1. 框式水平仪

框式水平仪（图 4-1）主要用于检验各种机床及其他设备的平直度，安装的水平位置和垂直位置的正确性，并可检验微小倾角，其分度值有 0.02mm/m、0.05mm/m、0.1mm/m 等几种。

（1）使用方法　框式水平仪的两个 V 形测量面是测量精度的基准，在测量中不能与粗糙面接触或摩擦。安放框式水平仪时必须小心轻放，避免因测量面划伤而损坏水平仪，造成不应有的测量误差。

用框式水平仪测量工件的垂直度时，不能握住与侧工作面相对的部位，而用力向工件垂直平面推压，这样会因水平仪受力变形，而影响测量的准确性。正确的测量方法是用手握持侧工作面内侧，使水平仪平稳、垂直地（调整水准泡位于中间位置）贴在工件的垂直平面上，然后读出水准泡移动的格数。

图 4-1　框式水平仪

使用水平仪时，要保证水平仪工作面和工件表面的清洁，以防止脏物影响测量的准确性。测量水平面时，在同一个测量位置上，应将水平仪调过相反的方向再进行测量。当移动水平仪时，不允许水平仪工作面与工件表面发生摩擦，应该提起来放置。

（2）注意事项　水平仪使用前用无腐蚀性汽油将工作面上的防锈油洗净，并用脱脂棉纱擦拭干净。

温度变化会使测量产生误差，使用时必须与热源和风源隔绝。如使用环境温度与保存环境温度不同，则需在使用环境中将水平仪置于平板上稳定 2h 后方可使用。

测量时必须待水准泡完全静止后方可读数。

水平仪使用完毕，必须将工作面擦拭干净，并涂以无水、无酸的防锈油，覆盖防潮纸，装入盒中，置于清洁干燥处保管。

2. 车床结构

CA6140 卧式车床结构如图 4-2 所示。

3. 车床水平校准

卸下刀架，用两台水平仪在中托板上摆成 90°，即一台与床身平行（称直线），一台与床身垂直（称扭曲）。把床身分成大致均匀的几段，一般 2m 长的床身分成 5 段，床身更长就多分几段。调节机床底下的垫铁，用框式水平仪在这些点上读数，要求主轴箱头比尾座高，扭曲小于 2 格，直线小于 1 格。

机床调整垫铁也称调整垫脚、调整垫块等，如图 4-3 所示。调整垫铁主要用于放置在机械设备、各类机床、平台等的底座下面，用于支承，并通过调整垫铁的厚度将设备调整水平。

4. 勾头扳手

车床上的自定心卡盘通过卡盘座与车床主轴连接，卡盘座与主轴是锥度配合，用平键做周向定位，并用螺母做轴向连接。旋紧或松开螺母用勾头扳手（图4-4）。

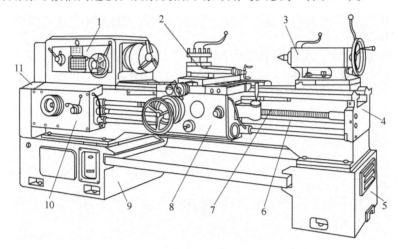

图 4-2　CA6140 卧式车床外形图

1—主轴箱　2—刀架　3—尾座　4—床身　5、9—床腿　6—光杠

7—丝杠　8—溜板箱　10—进给箱　11—交换齿轮

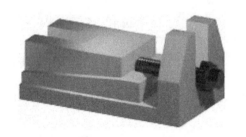

图 4-3　机床调整垫铁

图 4-4　勾头扳手

5. 主轴莫氏锥柄检验棒

莫氏锥柄检验棒采用优质碳素工具钢制造，经多次处理，工作表面精密磨削而成，硬度高，表面光洁，圆柱度误差≤0.002mm，锥度为 0.001/100，如图4-5 所示。锥柄检验棒用于检查工具圆锥的精确性，高精度的锥柄检验棒适用于机床和精密仪器主轴与孔的锥度检查。

图 4-5　莫氏锥柄检验棒

莫氏锥柄检验棒和车床主轴内孔的配合采用锥度配合。锥度配合的优点主要是配合精度高，装卸方便。

6. 机床主轴的回转误差

机床主轴的回转误差包括主轴的径向跳动、端面跳动和轴向窜动，机床主轴径向跳动的测定原理如图4-6 所示。

主轴径向跳动检验步骤见表4-1。

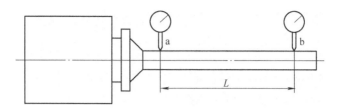

图 4-6 主轴径向跳动的测定原理

表 4-1 主轴径向跳动检验表

检验名称	检验方法	允差/mm			
		床身上最大工件回转直径/mm			
		< 320	300 ~ 400	400 ~ 800	800 ~ 1250
		测量长度 L/mm			
主轴锥孔中心线的径向跳动	用百分表和检验棒,旋转主轴分别在 a 和 b 两处将检验棒对主轴锥孔每隔90°插入一次,共检验4次 a、b 的误差,分别计算相对两位置测量结果的平均值,取其最大值为径向跳动的误差	200	300		500
		a			
		0.01	0.015	0.02	0.02
		b			
		0.015	0.02	0.025	0.04

【拓展知识】

1. 车床精度检测标准

普通卧式车床精度检验标准如下:

(1) 主轴轴肩支承面的跳动允差

车削直径:≤400mm,允差:0.02mm。

车削直径:≤800mm,允差:0.025mm。

车削直径:≤1600mm,允差:0.03mm。

(2) 主轴定心轴颈的径向跳动允差

车削直径:≤400mm,允差:0.01mm。

车削直径:≤800mm,允差:0.015mm。

车削直径:≤1600mm,允差:0.02mm。

(3) 溜板箱移动对尾座顶尖套伸出方向的不平行度在100mm测量长度上允差

车削直径:≤400mm,允差:上素线0.03mm,侧素线0.01mm。

车削直径:≤800mm,允差:上素线0.03mm,侧素线0.01mm。

车削直径:≤1600mm,允差:上素线0.04mm,侧素线0.015mm。

(4) 主轴锥孔中心线和尾座锥孔中心线对床身导轨的不等高度允差 中心距800mm 以下用500mm 长检验棒,其余用800mm 长检验棒,小于800mm 规格的用中心距2/3 长的棒检测。

车削直径:≤400mm,允差:0.06mm。

车削直径：≤800mm，允差：0.10mm。

车削直径：≤1600mm，允差：0.16mm。

（5）主轴锥孔中心线径向跳动允差（在距离主轴300mm处）

车削直径：≤400mm，允差：0.02mm。

车削直径：≤800mm，允差：0.025mm。

车削直径：≤1600mm，允差：0.03mm。

（6）溜板箱移动对主轴中心线的不平行度在300mm测量长度上允差

车削直径：≤400mm，允差：上素线0.03mm，侧素线0.015mm。

车削直径：≤800mm，允差：上素线0.03mm，侧素线0.015mm。

车削直径：≤1600mm，允差：上素线0.05mm，侧素线0.02mm。

（7）溜板箱移动对尾座顶尖套锥孔中心线的不平行度在300mm测量长度上允差

车削直径：≤400mm，允差：上素线0.03mm，侧素线0.01mm。

车削直径：≤800mm，允差：上素线0.04mm，侧素线0.01mm。

车削直径：≤1600mm，允差：上素线0.04mm，侧素线0.015mm。

2. 设备检查表

设备检查是设备保养和维修工作中的一项重要内容，借以掌握设备运行情况、工作性能和磨损程度，为修理工作做准备，提高修理质量和缩短修理时间。检查的内容包括了解设备技术状况的变化和磨损情况；对发现的问题提出设备修理的措施。设备检查内容见表4-2。

表4-2 设备检查表

使用单位或部门				检查日期	年 月 日	
资产编号		设备名称		型号规格	复杂系统机械	电气
制造厂名称		出厂编号		出厂日期 年 月 日	投产日期 年 月 日	
完好标准					普查结果	备注
1	精度性能满足生产工艺要求（精密稀有设备主要精度性能达到出厂标准）					
2	各传动系统运转正常变速齐全					
3	各操作系统动作灵敏可靠					
4	润滑系统装置齐全、管道完整、油路畅通、标志醒目					
5	润滑系统装置齐全、管道完整、性能灵敏、运行可靠					
6	滑动部位运转正常，各滑动部位及零件无严重拉、碰伤					
7	基本无漏油、漏水、漏气现象					
8	设备内外清洁，无黄油、油垢、锈蚀，油质符合要求					
9	零部件完整，随机附件基本齐全，保管妥善					
10	安全防护装置齐全可靠					
使用单位意见：					设备维修部门意见：	

3. 设备的三级保养

设备三级保养包括设备的日常维护保养、一级保养和二级保养。日常维护保养是由设备操作工人每班（白班、中班、夜班）必须进行的设备保养工作。一级保养以操作工人为主，维修工、电工、润滑工参加，检查、清扫、调整各操作机构的零、部件，清洗规定部位，检查油箱油质、油量，疏通油路、管道，更换或清洗油线、毛毡、滤油器，检查调整各仪表和安全装置，调整设备各部位的配合间隙，紧固设备的各个部位。二级保养以维修工人为主，操作工人参加来完成。二级保养列入设备的检修计划，对设备进行部分解体检查和修理，更换或修复磨损件，清洗、换油、检查修理电气部分，使设备的技术状况全面达到设备完好标准规定的要求。

4. 无垫铁施工方法

无垫铁施工是一种新型施工方法。无垫铁施工要求：

1）无垫铁施工时的设备找平、找正、调标高时，可用斜垫铁、调整垫铁、调整螺钉等工具将设备的水平和标高调整到符合要求，然手进行第二次灌浆（调整工具所处位置不灌浆）。

2）待灌浆层强度达到75%以上后，撤出调整工具，将留出的位置用灌浆料填实，并再次紧固地脚螺栓，复查设备精度。

【技能训练】

■任务

分小组进行车床主轴回转误差测量，每组3~5人。

■分析与实践

1）整理场地、车床。

2）领器材、工具、量具。

3）卸下刀架、自定心卡盘、卡盘座。

4）校车床水平。

5）装检验棒，检测车床主轴回转误差。

■教师检验、点评与评分

车床主轴回转误差测量质量评分表见表4-3。

表4-3 车床主轴回转误差测量质量评分表

考核内容	考核要求	配分	得分
5S工作	符合5S规范	10分	
理论知识	了解并分析机床主轴的回转误差测量原理，了解框式水平仪的工作原理，熟悉框式水平仪的使用方法，了解并分析车床水平校准的方法，了解检验棒，制定作业步骤及要求	30分	
实际操作	按作业步骤及要求进行作业，作业规范，工具、量具使用正确	40分	
作业结果及测量情况	车床水平符合要求，车床主轴回转误差测量方法正确，结果合理	10分	
安全工作	穿戴整齐，劳动保护正确，遵守操作规程，无事故，有预防措施	10分	
总　计		100分	

注：安全不及格，则本次实践成绩评定为不及格。

【课外作业】

一、填空题

1. 框式水平仪主要用于检验各种机床及其他设备的_____，安装的水平位置和垂直位置的正确性，并可检验微小倾角，其分度值有 0.02mm/m、0.05mm/m、0.1mm/m 等几种。

2. 机床调整垫铁主要用于放置在机械设备、各类机床、平台等的底座下面，用于支承，又可以通过调整垫铁的厚度将设备_____。

二、判断题

1. 莫氏锥柄检验棒采用优质高速工具钢制造，经多次处理，工作表面精密磨削而成，硬度高，表面光洁，圆柱度误差≤0.002mm，锥度为 0.001/100，用于检查工具圆锥的精确性，高精度的锥柄检验棒适用于机床和精密仪器主轴与孔的锥度检查。

2. 无垫铁施工时的设备找平、找正、调标高时，可用斜垫铁、调整垫铁、调整螺钉等工具将设备的水平和标高调整到符合要求后，进行第二次灌浆。

三、选择题

1. 机床主轴的回转误差不包括（　　）。

（A）径向跳动　　　（B）轴向窜动　　　（C）端面跳动　　　（D）圆度

2. 设备三级保养不包括（　　）。设备的日常维护保养、总装配是将零件和（　　）结合成一台完整产品的过程。

（A）日常维护保养　　（B）大修　　　　（C）一级保养　　　（D）二级保养

四、简答题

1. 整理本任务中的知识点、技能点。

2. 为什么在校准车床水平前要卸下刀架？

3. 为什么在检测主轴跳动前要校准车床水平？

【阅读材料】

磨床主轴精度的恢复
郑永志（金华职业技术学院）

1. 磨床主轴的特点与存在的问题

磨床主轴因使用要求的差别，如转速的高低、负荷的大小以及加工范围的不同，其结构形式多种多样。图 4-7 所示是高速外圆磨床主轴的一种典型结构。内圆磨床的主轴一端通过莫氏锥孔和砂轮接杆连接，其内部结构根据转速要求略有不同。

磨床磨头的特点是转速较高，特别是内圆磨头一般都在 6000r/min 以上，有些甚至达到 20000r/min。需要磨削的外圆或内孔一般精度较

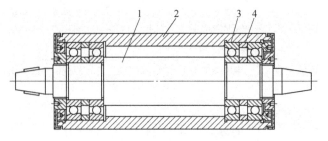

图4-7　高速外圆磨床主轴结构

1—主轴　2—主轴套筒　3—轴承　4—轴承隔垫

高，因此磨头的旋转精度要求也很高，径向跳动都在 0.005mm 以内。另外，受结构的限制只能靠轴承内部的润滑脂润滑。在维修过程中，频繁拆卸轴承会造成主轴轴颈和套筒内孔的过早磨损，从而破坏主轴的原有几何精度，致使磨头主轴的轴向窜动、径向跳动精度丧失。如果将主轴或主轴套筒直接报废，会使成本大大增加，且向厂家求购又周期太长。因此，主轴和主轴套筒的修复是内、外圆磨头维修的关键部分。

2. 内、外圆磨头的修理

磨头的精度恢复主要是主轴和套筒的修复。经过多年的实践摸索，发现许多内、外圆磨头虽然其主轴轴颈出现磨损、拉毛甚至有明显啃痕，但拆卸后外圆锥面或内锥面的精度并无太大损伤。套筒轴承安装部分内孔虽然磨损，但其同轴度并没有发生太大的变化，尚能达到使用要求。因此，可以按以下步骤进行修理。

（1）砂轮主轴　首先对砂轮轴的磨损情况进行分析和测量，用千分表、偏摆仪测量主轴各项跳动量是否达到使用要求。主轴可以采用镀铬修复的方法。修研两端的中心孔，测量除轴颈外的各外圆的尺寸，锥面（孔）的径向跳动数值要求在 0.002 ~ 0.003mm，其后修磨主轴轴颈（为在镀铬后、加工前有一测量基准，主轴中间有一长外圆必须"见光"，圆度误差 0.002mm，表面粗糙度值 Ra0.8μm），如图 4-8 所示。

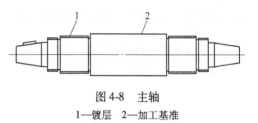

图 4-8　主轴
1—镀层　2—加工基准

修磨时，应保证单边镀层厚度不大于 0.20mm，修磨中和修磨后反复计量各外圆、锥面（孔）的跳动是否发生变化。如有变化，应重新修研中心孔。镀层的厚度应考虑磨削加工余量（单边磨削余量 0.04 ~ 0.06mm），镀前应对中心孔和不镀的外圆等部位加以保护，镀后须重新测量不镀的各外圆，如无任何变化和缺陷才可进行修复轴颈。为考虑装配的方式和装配后轴承不宜过热，轴颈的磨削尺寸尽量取中差或配磨。磨削时注意切削液要充足，进给量一定要小，否则容易使中心孔研损或变形。

（2）主轴套筒　在旧套筒内孔同轴度能满足使用要求时，为保证其配合精度，对轴承外环的修复可采用镀铬的办法。图 4-9 所示为简易可行的轴承外环镀铬工装。为保证轴承外环镀铬时留有测量基准，在外环中间绕了一圈宽 3 ~ 4mm 的胶带纸。为避免轴承内部因镀铬工序或刷镀而造成腐蚀，设计了专用两用心轴，一是使用铜垫圈密封螺母锁紧，用铜垫圈是为了使心轴保持良好的导电性；二是工装锁紧后应保证外环外圆镀层处径向跳动始终控制在 0.001 ~ 0.002mm。镀铬时应保护心轴中心孔清洁，螺纹部分也应采取相应的保护措施，轴承外圆必须清理干净，不能有任何油污和杂质。镀后

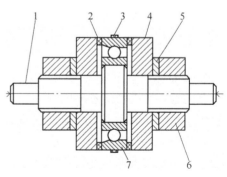

图 4-9　轴承外环镀铬工装
1—主轴　2—铜垫片　3—胶带纸　4—垫圈
5—铜垫圈　6—锁紧螺母　7—轴承

拆去胶带纸，清理中心孔，而后测量（用偏摆仪）没有镀层部分的径向跳动是否超差，如确认，可对轴承外环进行磨削加工。外圆磨削前应统一调整锥度在 0.003 ~ 0.004mm，测量套筒内孔的尺寸并做好记录，对各个轴承进行配磨。不同的转速、不同的结构轴承外圆与套

筒内孔的配合尺寸不同，一般 6000 ~ 8000r/min 内圆磨头，应控制过盈为 0.004 ~ 0.006mm，10000r/min 内圆磨头应控制间隙为 0.002 ~ 0.005mm。

（3）磨头的装配　修复主轴和套筒后进行装配。首先要进行清洗工作，保证装配时无任何油污和杂质，其他零、部件如弹簧应换新并要求两端面平整。测量各个轴承的内径和外圆实际尺寸，做好详细记录，并根据套筒的尺寸记录，选配相应的轴承。全部零件精修棱边，去毛刺，通过预加负荷，配磨各个相应的轴承内外隔垫后，精研磨隔垫的端面。成组轴承要求内径、外径的尺寸一致性偏差不大于 0.002mm。装配中主轴轴承和相配合的主轴轴颈的相对位置，必须是轴承内圈的径向跳动量的相反方向；同样轴承外圆的径向跳动高点与套筒内孔的径向跳动低点应处在同一位置。装配后应检测主轴的径向跳动和轴向窜动符合设计要求。运转 5min 后主轴无异常噪声，砂轮轴温度不再急剧上升，20 ~ 30min 短暂高速运转，未发现温度急剧上升情况。

停止运转一段时间，等磨头完全恢复常温后，反复试验几次，最终以高速运转 2h 后，前后轴承温升均小于 20℃ 为正常合格。反之则需要拆开检查。

3. 结语

由于采取以上的修理方案和加工方法，内圆磨头得到修复，精度达到理想的效果，成本大大降低（买一套内圆磨具需要 6 000 元以上，而照以上方案的维修费用只有千元左右），不仅节约了费用，节省了时间，而且解决了工件内孔的精密加工问题，满足了生产的急需，取得了明显的经济效益。

任务 4.2　联轴器、离合器和制动器装配

【实训器材】

联轴器、离合器、制动器。
工作台、工具、夹具。

【基础知识】

1. 联轴器

联轴器是用来联接不同机构中的两根轴（主动轴和从动轴），使之共同旋转以传递转矩的机械零件。在高速重载的动力传动中，有些联轴器还有缓冲、减振和提高轴系动态性能的作用。联轴器一般由两部分组成，分别与主动轴和从动轴联接。

（1）凸缘联轴器　凸缘联轴器的结构如图 4-10 所示。

特点：构造简单，成本低，可传递较大转矩。不允许两轴有相对位移，无缓冲。

用途：在转速低、无冲击，轴的刚性大、对中性较好的场合应用较广。

（2）滑块联轴器　滑块联轴器的结构如图 4-11 所示。半联轴器 1、3 上的凹槽与中间滑块的凸榫之间可以有一定的径向移动量，可补偿两轴偏移。

特点：无缓冲，移动副应加润滑。

用途：用于低速传动。

凸缘联轴器要求严格保证两轴的同轴度，滑块联轴器允许两轴间少量的径向偏移和角向

偏移。凸缘联轴器和滑块联轴器是两类有代表性的联轴器。

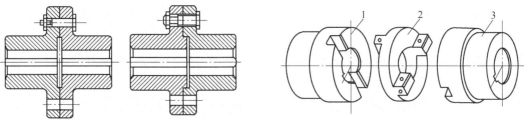

图 4-10　凸缘联轴器　　　　　　图 4-11　滑块联轴器
　　　　　　　　　　　　　　　　　1、3—半联轴器　2—中间滑块

（3）弹性联轴器

特点：缓冲、吸振，可补偿较大的轴向位移，微量的径向位移和角位移。

应用：正反向转动变化多、起动频繁的高速轴。

（4）安全联轴器　安全联轴器在结构上的特点是有一个保险环节（如销钉可动联接等），只能承受限定载荷。当实际载荷超过事前限定的载荷时，保险环节就发生变化，截断运动和动力的传递，从而保护机器的其余部分不致损坏，起安全保护作用。除了具有过载保护作用外，还有将电动机的带载起动转变为近似空载起动的作用。

（5）刚性联轴器　刚性联轴器不具有补偿被联两轴轴线相对偏移的能力，也不具有缓冲、减振性能，但结构简单，成本低。只有在载荷平稳，转速稳定，能保证被联两轴轴线相对偏移极小的情况下，才可选用刚性联轴器。

（6）挠性联轴器　具有一定的补偿被联两轴轴线相对偏移的能力，最大量随型号不同而异。

无弹性元件的挠性联轴器：承载能力大，但不具有缓冲、减振性能，在高速或转速不稳定或经常正反转时有冲击噪声。适用于低速、重载、转速平稳的场合。

非金属弹性元件的挠性联轴器：在转速不平稳时有很好的缓冲、减振性能；但由于非金属（橡胶、尼龙等）弹性元件强度低、寿命短、承载能力小、不耐高温和低温，故适用于高速、轻载和常温的场合 。

金属弹性元件的挠性联轴器：除了具有较好的缓冲、减振性能外，承载能力较大，适用于速度和载荷变化较大及高温或低温场合。

2. 联轴器的装配技术要求

1）装配联轴器时，轴端面应埋入半联轴器。

2）联轴器相对两轴的径向偏移量和角向偏移量必须小于相应联轴器标准中规定的许用补偿量。

3. 联轴器的装配要点

（1）凸缘联轴器的装配要点　如图 4-12 所示，将凸缘盘 3、4 用平键分别装在轴 1 和轴 2 上，并固定齿轮箱。

将百分表固定在凸缘盘 4 上，使百分表测头顶在凸缘盘 3 的外圆上，找正凸缘盘 3、4 的同轴度。

移动电动机，使凸缘盘 3 的凸台少量插入凸缘盘 4 的凹槽内。

转动轴 2,测量两凸缘盘的端面间隙 z。如间隙均匀,则移动电动机使两凸缘盘面靠近,固定电动机,最后用螺栓紧固两凸缘盘。

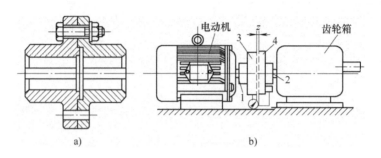

图 4-12 凸缘联轴器装配

a)联轴器 b)电动机与齿轮箱通过联轴器联接

1、2—轴 3、4—凸缘盘

(2)滑块联轴器的装配要点 如图 4-13 所示,分别在轴 1、轴 7 上修配键 3、6,安装联轴盘 2、5。将刀口形直尺放在 2、5 的外圆柱上,在垂直和水平方向使直尺均匀接触。

找正后,安装中间盘 4,同时移动轴,使联轴盘和中间盘之间有少量间隙 z,使中间盘能在联轴盘内滑动。

4. 离合器

离合器分为电磁离合器、磁粉离合器和摩擦离合器 3 种。

(1)电磁离合器 靠线圈的通断电来控制离合器的接合与分离。

转差式电磁离合器工作时主、从部分必须存在某一转速差才有转矩传递。转矩大小取决于磁场强度和转速差。励磁电流保持不变,转速随转矩增加而急速下降;转矩保持不变,励磁电流减少,转速减少得更快。

转差式电磁离合器由于主、从动部件

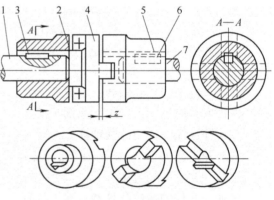

图 4-13 滑块联轴器

1、7—轴 2、5—联轴盘 3、6—键 4—中间盘

间无任何机械联接,无磨损消耗,无磁粉泄漏,无冲击,调整励磁电流可以改变转速,作无级变速器使用,这是它的优点。该离合器的主要缺点是转子中的涡流会产生热量,该热量与转速差成正比。低速运转时的效率很低,效率值为主、从动轴的转速比,即 $\eta = n_2/n_1$。适用于高频动作的机械传动系统,可在主动部分运转的情况下,使从动部分与主动部分结合或分离。广泛应用于机床、包装、印刷、纺织、轻工及办公设备中。

电磁离合器一般用于环境温度 $-20 \sim 50℃$,湿度小于 85%,无爆炸危险的介质中,其线圈电压波动不超过额定电压的 ±5%。

(2)磁粉离合器 在主动件与从动件之间放置磁粉,不通电时磁粉处于松散状态,通电时磁粉结合,主动件与从动件同时转动。

磁粉离合器的优点是可通过调节电流大小来调节转矩，允许较大滑差。其缺点是较大滑差时温升较大；价格高。

（3）摩擦离合器 摩擦离合器是应用最广也是历史最久的一类离合器，一般由主动部分、从动部分、压紧机构和操纵机构4部分组成。主、从动部分和压紧机构是保证离合器处于接合状态并能传递动力的基本结构，而离合器的操纵机构主要是使离合器分离的装置。在分离过程中，在自由行程内首先消除离合器的自由间隙，然后在工作行程内产生分离间隙，离合器分离。在接合过程中，压盘在压紧弹簧的作用下向前移动，首先消除分离间隙，并在压盘、从动盘和飞轮工作表面上作用足够的压紧力；之后分离轴承在复位弹簧的作用下向后移动，产生自由间隙，离合器接合。

5. 离合器的装配技术要求

1）接合和分离时，应保证动作灵活，工作平稳可靠，能传递设计的转矩。

2）牙嵌离合器的啮合间隙要尽量小，防止旋转时产生冲击；滑动的半个离合器应装在从动轴上，以减少操纵件的磨损。

3）摩擦离合器的摩擦面之间的接触斑点应均匀分布在整个表面上。

4）在离合器壳体外将带有内齿或外齿的多片摩擦片装为一体时，应保证相间摩擦片的内齿或外齿排列整齐，能顺利地装入离合器轴套或离合器壳体内。

6. 离合器的装配

（1）牙嵌离合器 牙嵌离合器靠啮合的牙面传递转矩，如图4-14所示。

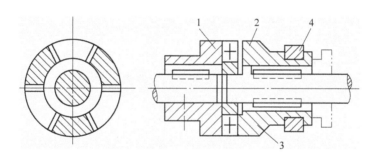

图4-14 牙嵌离合器
1—固定半离合器 2—滑动半离合器 3—导向环 4—拨叉

1）修配固定键和滑键，将固定半离合器固定在主动轴上；滑动半离合器套在滑键上，保证能灵活移动。

2）将导向环压到主动轴上，再推入固定半离合器内，用螺钉固定。

3）将从动轴装入导向环孔内，最后装拨叉。

（2）多片离合器 多片离合器有几种类型，依靠在轴向压力下产生的摩擦力使摩擦片联接为一体，相间的摩擦片一般分别具有内、外齿，内、外齿分别与轴套、壳体啮合传递转矩，如图4-15所示。

7. 制动器

制动器是具有使运动部件（或运动机械）减速、停止或保持停止状态功能的装置，是使机械中的运动件停止或减速的机械零件，俗称刹车、闸，如图4-16所示。

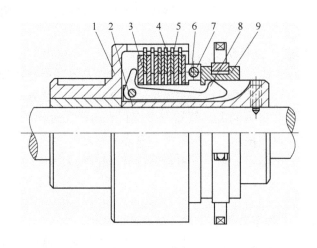

图 4-15　湿式多片离合器

图 4-16　制动器

1—从动壳体　2—输入轴　3—曲片　4—内片　5—外片
6—锁紧螺钉　7—开口螺母　8—结合杠杆　9—接合子

制动器主要由制架、制动件和操纵装置等组成。有些制动器还装有制动件间隙的自动调整装置。为了减小制动力矩和结构尺寸，制动器通常装在设备的高速轴上，但对安全性要求较高的大型设备（如矿井提升机、电梯等）则应装在靠近设备工作部分的低速轴上。

8. 制动器的装配

制动器的主要装配技术要求如下：

1）制动带与制动板铆合后，铆钉头应埋入制动带厚度的 1/3 左右，不得产生铆裂现象。制动带与制动板必须贴紧，局部间隙应符合以下要求：

①当制动轮直径小于 500mm 时，局部间隙不得大于 0.3mm。

②当制动轮直径等于或大于 500mm 时，局部间隙不得大于 0.5mm。

2）带式制动器在自由状态时，制动带与制动轮之间的间隙应调到 1~2mm 范围内。蹄式制动器在自由状态时，制动衬面与制动鼓之间的间隙应调到 0.25~0.5mm 范围内。

【拓展知识】

1. 卡规

卡规如图 4-17 所示。卡规具有两个测量端，尺寸大的一端，在测量工件时应通过轴径，叫作通规，通规尺寸是被测工件的上极限尺寸；尺寸小的一端，在测量时不通过轴径，叫作止规，止规尺寸是被测工件的下极限尺寸。

2. 塞规

塞规及其使用方法如图 4-18 所示。塞规有两个测量端，尺寸小的一端，在测量工件的孔或内表面尺寸时应能通过，叫作通规，通规尺寸是被测工件的下极限尺

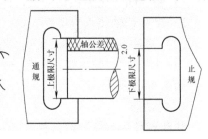

图 4-17　卡规

寸；尺寸大的一端，在测量时不能通过工件的孔或内表面，叫作止规，止规尺寸是被测工件的上极限尺寸。

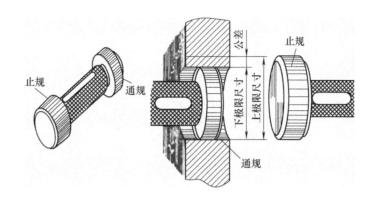

图 4-18　塞规及其使用方法

3. 块规

块规是机械制造业中长度尺寸的标准，如图 4-19 所示。块规可以对量具和量仪进行检验校正，也可用于精密划线和精密机床的调整，附件与块规并用还可以测量某些精度要求高的工件尺寸。

块规是用不易变形的耐磨材料制成的长方形六面体。它有 2 个工作面和 4 个非工作面，工作面是一对相互平行而且微观平面度误差极小的平面，又叫测量面。

块规具有较高的研合性。由于测量面的微观平面度误差极小，用比较小的压力，把两个块规的测量面相互推合后，就可以牢固地研合在一起，因此可把不同公称尺寸的块规组合成块规组，得到需要的尺寸。

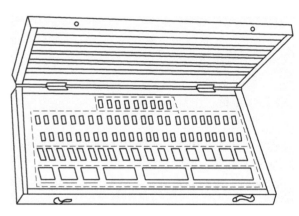

图 4-19　块规

块规一般做成一套，装在特制的盒子里。块规有 42 块/套、87 块/套等几种。为了减少常用块规的磨损，每套中都备有若干块保护块规，在使用时，可放在块规组的两端，以保护其他块规。

为了工作方便，减少积累误差，选用块规时应尽可能采用最少的块数。

为了扩大块规的应用范围，便于各种测量工作，可采用成套的块规附件。块规附件主要是不同长度的夹持器和各种测量用的量爪，如图 4-20a 所示。块规组与块规附件安装后，可用来校准量具尺寸（如内径百分尺的校准），测量轴径、孔径、高度和划线等工作，如图 4-20b 所示。

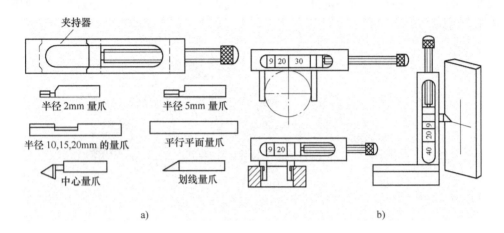

半径 2mm 量爪　　　　半径 5mm 量爪

半径 10,15,20mm 的量爪　　　平行平面量爪

中心量爪　　　　划线量爪

a)　　　　　　　　　　　　　b)

图 4-20　块规附件使用方法

讨论　塞规、环规、卡规、块规和塞尺等各起什么作用？

【技能训练】

■任务

分小组进行联轴器、离合器和制动器装配，每组 2 ~ 3 人。

■分析与实践

1）整理场地。

2）领器材、工具、量具。

3）制定装配工艺。

4）联轴器、离合器和制动器装配。离合器和制动器调试。

■教师检验、点评与评分

联轴器、离合器和制动器装配质量评分表见表 4-4。

表 4-4　联轴器、离合器和制动器装配质量评分表

考核内容	考核要求	配分	得分
5S 工作	符合 5S 规范	10 分	
理论知识	了解并分析联轴器、离合器和制动器装配方法	30 分	
实际操作	按作业步骤及要求进行作业，作业规范，工具、量具使用正确	40 分	
装配质量检验	装配质量符合要求	10 分	
安全工作	穿戴整齐，劳动保护正确，遵守操作规程，无事故，有预防措施	10 分	
总　　计		100 分	

注：安全不及格，则本次实践成绩评定为不及格。

【课外作业】

一、填空题

1. 联轴器一般由两部分组成，分别与_____和_____联接。

2. 离合器分为_____、_____和_____等3种。

3. 块规有_____块/套、_____块/套等几种。

二、判断题

1. 联轴器是用来联接不同机构中的两根轴（主动轴和从动轴），使之共同旋转以传递转矩的机械零件。在高速重载的动力传动中，有些联轴器还有缓冲、减振和提高轴系动态性能的作用。联轴器一般由两部分组成，分别与主动轴和从动轴联接。

2. 制动器主要由制架、制动件和操纵装置等组成。有些制动器还装有制动件间隙的自动调整装置。为了减小制动力矩和结构尺寸，制动器通常装在设备的高速轴上，但对安全性要求较高的大型设备（如矿井提升机、电梯等）则应装在靠近设备工作部分的低速轴上。

三、选择题

1. 下列不是联轴器的是（　　　）。

（A）凸缘联轴器　　　（B）滑块联轴器　　　（C）弹性联轴器　　　（D）摩擦联轴器

2. 下列不是离合器的是（　　　）。

（A）电磁离合器　　　（B）磁粉离合器　　　（C）碟刹　　　（D）摩擦离合器

四、简答题

1. 整理本任务中的知识点、技能点。

2. 简述联轴器的装配工艺。

3. 简述离合器的工作原理。

4. 如何调节制动器的制动效果？

【阅读材料】

联轴器找正的方法与步骤

应鸿烈（金华职业技术学院）

联轴器俗称靠背轮或对轮，是用来联接两个机器使其同步旋转并传递一定转矩的中间联接装置。绝大多数联轴器多为两个半联轴器，分别装在待联接的两个轴的端部，而在这两个半联轴器有效联接之前，必须对其进行找正。

凡通过联轴器对接的两个轴，都不可避免地存在由相对位移和相对倾斜所形成的相对误差，即两轴中心线不重合。两轴中心线不重合会使设备在运转过程中产生振动、引起轴承温度升高、磨损，甚至引起整台设备剧烈振动，某些零部件的瞬间损坏，导致设备发生故障，不能正常工作。联轴器找正的目的主要有以下几个方面：

1）最大可能减少两轴相错或相对倾斜过大所引起的振动和噪声。

2）避免轴与轴承间引起的附加径向载荷。

3）保证每根轴在工作中的轴向窜动不受到对方的阻碍。

联轴器的找正是在从动设备已经安装到位，支平找正并固定，所要做的工作就是对联轴器进行微调，保证两半联轴器的径向偏差和倾斜偏差在允许的公差范围之内。

在设备安装过程中，多数情况下，都是先安装从动设备，再安装减速器，最后安装原动机（减速器对从动设备而言可以看作是原动机，对原动机而言可以看作是从动设备）。从动设备安装到位并支平找正后，其输入轴的位置就已确定，在后续的安装过程中，其位置是固定而不能改变的，所以，联轴器找正时的测量与调整都必须以从动设备的输入轴为基准。把与基准轴对接的原动设备的输出轴称为待定位轴。

联轴器在调整时，一般先调整轴向间隙，使两半联轴器平行，然后调整径向位移，使两半联轴器同心。现以两半联轴器既不平行也不同心的情况为例阐述找正的计算及调整，如图4-21所示。

假定Ⅰ为从动机输入轴，Ⅱ为主动机输出轴。两个半联轴器在垂直方向上处于既不平行又不同心的偏移情况。

1）先调整主动设备，使两个半联轴器端面在垂直方向上平行，如图4-21所示。要使两个半联轴器的端面平行，就必须在主动机的支点2下加垫板，垫板的厚度可依据画法几何中相似三角形原理 $D/L = b/h$，得出

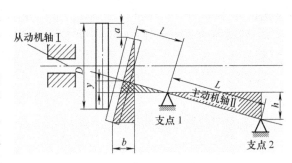

图4-21　联轴器找正计算和加垫调整

$$h = b/DL$$

式中　b——可以在作业现场用重垂线法实际测量得出（mm）；

　　　D——联轴器直径或对称测量点的距离（mm）；

　　　L——主动机纵轴向两支点间的距离（mm）。

由于支点2垫高 h，而支点1下没有加垫，故轴Ⅱ将会以支点1为圆心发生转动。这样就导致主动轴上半联轴器的中心下移，主动轴上半联轴器中心的下移量 y 同样依据画法几何的相似三角形原理 $h/y = L/l$，即 $(b/DL)/y = l/L$，可得出（图4-21）

$$y = b/Dl$$

式中　l——支点1到半联轴器垂直中心线间的距离（mm）。

2）调整主动设备，使两个半联轴器轴中心线在垂直方向上同心。由于在两个半联轴器的端面还没有调整到平行之前，从动机的半联轴器比主动机的半联轴器高 a（图4-21），即两个半联轴器不同心，其中心线原有的径向位移量为 a，再加上在调整两个半联轴器端面平行的过程中，又使主动设备联轴器的轴中心线下移了 y，所以为了使两个半联轴器同心，必须在支点1和支点2处同时加上厚度为 $(y+a)$ 的垫片。所以，只有在主动机的支点1处加上厚度为 $(y+a)$ 的垫片，而在支点2处加上厚度为 $(h+y+a)$ 的垫片，在理论上才能保证主动机上半联轴器的轴线和从动机上半联轴器的轴线在同一水平面上。主动机一般有4个支点，在加垫片时主动机2个前支点应加同样厚度的垫片，而2个后支点也要加同样厚度的垫片。

3）在水平方向对两个半联轴器进行调整。以相同的几何原理和计算方法同样可在水平方向上对主动设备进行调整，在理论上也可以保证两个半联轴器的端面在水平方向平行、两个半联轴器的中心线在同一垂直面内。与垂直方向调整方法不同的是，在调整过程中，不需

要在支点 1 和支点 2 处加垫片，而只需要把支点 1 和支点 2 在水平方向进行左右摆动就可以达到要求。

在联轴器的调整过程中，保证两个半联轴器的端面绝对平行及两个半联轴器的中心线绝对在同一轴线上只是一种理想化的状态，在现场的实际调整过程中不可能达到，所以在联轴器的安装、调整过程中就必须确定一个误差范围。联轴器的形式有多种多样，同一形式联轴器的规格也有多种，不同形式和不同规格的联轴器同轴度及端面间隙要求也不相同。几种常用联轴器同轴度和端面间隙的调整标准见表 4-5。

表 4-5　联轴器同轴度和端面间隙　　　　　　（单位：mm）

类型	联轴器外形最大直径	端面间隙	两轴同轴度	
			径向位移	倾斜（‰）
弹性圆柱销联轴器	105~260	设备最大轴向窜动量加 2~3	≤0.10	<1.0
	260~410		≤0.12	
	410~500		≤0.15	
齿轮联轴器	≤250	2.5~5.0	≤0.20	<0.10
	300~500	5.0~10	≤0.25	
	500~900	7.8~15	≤0.30	
	900~1400	15~20	≤0.35	
蛇形弹簧联轴器	≤200	设备最大轴向窜动量加 2~3	≤0.10	<1.0
	200~400		≤0.20	
	400~700		≤0.30	
	700~1350		≤0.50	

掌握联轴器找正的方法和步骤，对于设备安装具有极大的指导意义。特别是大型设备的安装，作业环境差，设备笨重，设备的起吊和摆动困难，所以先进行测量，再进行理论计算，最后依据计算结果把设备一次调整到位，避免重复作业，从而减轻工人的劳动强度，最大限度减少安全隐患，有效提高经济效益和社会效益。

任务 4.3　车床导轨修磨

【实训器材】

车床。
铲刀、刮刀、研磨平板。
工具。
夹具。

【基础知识】

1. 导轨磨床

导轨磨床用于工件的平面、斜面、底面等的磨削，适用于各类床身、模板、平板等的磨削加工，如图4-22所示。

图4-22　导轨磨床

2. 导轨磨削基准

基准是用来确定生产对象几何要素间几何关系所依据的点、线、面，是几何要素之间位置尺寸标注、计算和测量的起点。

机床导轨修磨通常情况下采用自为基准。所谓自为基准是指加工余量小而均匀的精加工工序选择加工表面本身作为定位基准，如图4-23所示。

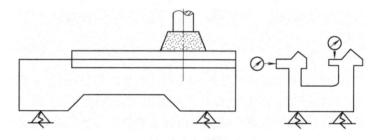

图4-23　导轨修磨基准

机床导轨修磨通常情况下采用自为基准，这样做有何好处？

3. 刮刀与刮削

刮刀分平面刮刀和三棱刮刀。平面刮刀（又称铲刀）的工作面是最前端的一面，三棱刮刀的工作面是三个侧刃。

刮刀是进行刮削的主要工具，要求硬度高、坚实、不起砂口、不易磨耗，通常采用碳素工具钢（如T10、T12），高速工具钢（如W18Cr4V、W6Mo5Cr4V2）或轴承钢（如GCr15）制作，并经淬火处理（硬度一般为HRC60~65）后磨削而成。

刮刀种类多，按用途可分为平面用刮刀（铲刀）和曲面用刮刀（三棱刮刀）。

平面用刮刀（铲刀）的切削刃口呈直线（也有呈微小弧线），适合刮削平整的工件表面。按构造的不同，又可分为普通刮刀（直头铲刀，图4-24）和弯头刮刀两种。

三棱刮刀是加工内弧面的工具，一般用于滑动轴承滑动配合的精加工，如机床主轴、汽车曲轴瓦等。实物如图 4-25 所示。

图 4-24　直头铲刀

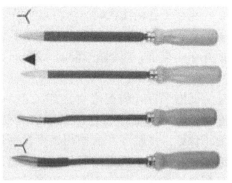

图 4-25　三棱刮刀

刮削平面是一种往返的直线运动。刮刀推出去时起切削作用，返回时是空行程。刮削时，刮刀与工件平面斜交一定角度，斜交角度一般为 25°～30°。刃口锋利的刮刀，与工件斜交的角度稍小些，刮削一段时间后，刃口变钝时，角度应略增大。使用普通平面刮刀工作时，左手放在靠近刀头的杆上，起引导刮刀方向并施加一定的压力作用，右手握住刀柄，并使刀柄抵住掌心用力向前推进。使用长柄刮刀时，为了减轻疲劳，可把刀顶着髋骨侧部，两手押着刮刀的头部，利用人的体重做前后惯性运动，推动切削刃进行刮削。这样操作既省力又能提高工效。

粗刮：刮削前，首先要把已经车、铣或刨等加工的工件，用刮刀、锉刀、钻头或修边器等去掉周边毛刺、锐边、锐角，防止碰伤手，并用刮刀全面地刮去机械加工后留下的刀痕，然后涂上显示剂（或工件面不涂色，而标准平板等校准工具涂色），与标准平板进行对磨。对磨后，常有以下 3 种接触情况：一是工件的四周边缘接触而中间位置不接触；二是工件只有中间一部分接触，而其他位置不接触；三是工件的平面一边接触，而另一边不接触或只有对角位置接触等。粗刮前，应细心观察和分析平面对磨后磨出的接触情况。

粗刮时，要刮去相当厚的切屑（粗皮），所以使用刮削压力要大些，这样去屑快。粗刮所使用的刮刀，端部必须要平，一般多采用长刮刀进行刮削，刮削时刀痕要连成一片，不可重复，以防止平面高低相差过多。经粗刮后，当每 25mm×25mm 正方形面积内有 4～6 处接触点时，就可进入细刮。

细刮（点刮）：细刮是把已经贴合的点轻轻地一个一个地刮去，使对磨时工件平面原来不接触位置渐渐接触，不断地增加贴合点的数目，以达到所要求的表面质量。经过一段时间的细刮，磨出来的点子相互间的距离渐近，这时，可以从工件表面看出 3 种深浅不同颜色的斑点：亮而反光的地方，就是工件表面较高之处；显出黑色点的地方，是平面高低适中的地方，不需刮去；不着色的地方，是平面较低之处，对磨时与标准平板不接触。此外，刮削中还要掌握以下要领："点子越疏散，需刮去的点子面积越大；点子越集中，需刮去的点子面积越小"。当工件平面每 25mm×25mm 面积内有 15～20 个贴合点时，就可以进行精刮。

精刮：精刮的目的是在细刮的基础上再经过一番修正，进一步提高工件的表面质量。

精刮所使用的刮刀要特别锋利，一般用小刮刀进行。刮削时，为了减少刮刀刃口与工件平面的接触面积，更准确地刮在点子上，可把刮刀的顶端磨成稍带圆弧形。进行精刮工作时，精神要集中，每刀刮在点子上，点子越多，刀痕越小，刮时所用的力要轻。

当点子逐渐增大时，可将点子分成 3 种情况进行刮削：最大最亮的点子要全部刮去，中等的点子刮去一小片，小点子留着不刮。这样，大点子就可分成许多小点子，中等的点子分成几个小点子，直到每 25mm×25mm 内有 20～25 个贴合点为止。

4. 研磨平板

研磨平板（研磨平台）如图 4-26 所示，它是一种对平面做精整加工用的铸铁平板。为了保证工件精度和表面粗糙度，利用涂敷或压嵌在研磨平板上的磨料颗粒，通过研磨平板与工件在一定压力下的相对运动，实现对加工表面进行精整加工。

图 4-26　研磨平板

5. 导轨类型

导轨一般可分为 4 类：矩形导轨（图 4-27）、圆柱形导轨（图 4-28）、燕尾形导轨（图 4-29）和 V 形导轨（图 4-30）。

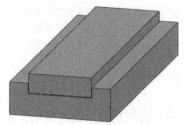

图 4-27　矩形导轨

图 4-28　圆柱形导轨

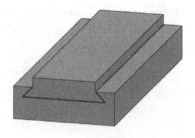

图 4-29　燕尾形导轨

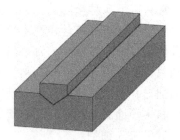

图 4-30　V 形导轨

讨论　矩形导轨、圆柱形导轨、燕尾形导轨和 V 形导轨各有什么优缺点？

6. 导轨、楔条、压板的配刮与调整

机床导轨面间的间隙，一般用楔条或压板来调整。间隙调整直接影响机床部件运动的灵敏性、平稳性以及在受载荷作用下的抗振能力。同时，导轨运动的轻便程度，将直接影响操作者的劳动强度。

（1）楔条的配刮　检查拖板横向燕尾形导轨面的平行度，用千分尺测量，全长的不平

行度一般不应超过0.015mm；检查燕尾槽导轨面接触楔条边的平面的平直度与接触率，其接触率为每25mm×25mm不应低于5~6点。

在标准平板上粗刮楔条基面（即楔条不动结合面），在标准平板上着色刮研，其接触率一般为每25mm×25mm 6~8点。刮研时，要放在平整的木板或钳凳上，在四周钉以木条挂住，在自由状态下刮研，不能加压，以防止变形。

在楔条孔中粗刮研楔条滑动面，接触率为每25mm×25mm不低于6~8点。保证楔条斜度与楔条孔相吻合。在刮研过程中，要多次将楔条滑动面大端凸起部在标准平板上着色刮去，因为在配刮着色时这部分未进入镶条孔内，显不出点子而未被刮去。

拖研楔条松紧度，将楔条划线切槽后，在拖板感觉较松端收紧楔条，用力向紧端推拉，仔细修去拖板与楔条研面的磨亮点，直到在全长上感觉轻重均匀，灵活自如为止。

（2）楔条间隙的调整方法

1）塞尺法：用0.02~0.04mm塞尺，在楔条两端试插，插入深度一般不少于25mm。

塞尺又称厚薄规或间隙片，是用来检验两个相结合面之间间隙大小的片状量规，如图4-31所示。塞尺有两个平行的测量平面，其长度制成50mm、100mm或200mm，由若干片叠合在夹板里，厚度为0.02~0.1mm组的，中间每片相隔0.01mm；厚度为0.1~1mm组的，中间每片相隔0.05mm。

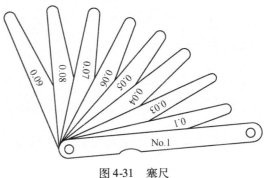

图4-31 塞尺

使用塞尺时，根据间隙的大小，可用一片或数片重叠在一起插入间隙内。例如用0.3mm的间隙片能插工件的缝隙，而0.35mm的间隙片却插不进去，说明零件的缝隙在0.3~0.35mm之间。

2）表测法：用百分表触及刀盒一侧，在另一侧横向推拉刀盒，观察百分表读数，保证间隙在0.02~0.04mm。

3）拖研划记调整法：当楔条拖研刚好达到灵活自如时，用划针在楔条不动面上沿刀盒的边口划一道线，作为装配调整时的依据。经验证明，这样做可以获得较理想的楔条间隙，一般可以控制在0.01~0.02mm之间，使滑动导轨面具有较高的运动精度。

（3）压板的配刮与调整

1）调整检查床身精度。首先按机床验收标准调整床身导轨在水平面内和垂直面内的平直度和床身导轨的横向扭曲。在拖板上放一个百分表，沿床身全长上检查压板导轨面的不平行度，一般以不超过0.02mm为宜。

2）拖研压板。先将任一可调压板调好，然后在其对角装一不可调压板，逐渐收紧压板螺钉，拖研压板配合面至全部接触，接触率为每25mm×25mm一般不少于8~12点；最后收死不可调压板，用手推动大拖板感觉移动灵活无阻滞即可；然后拖研另一对压板至要求。着色拖研压板时，应在床身导轨的最松一段上进行，在床身导轨上的推动长度一般在200~300mm长之内为宜。当压板在此段拖研灵活自如后（大约压板与导轨间隙控制在0.02mm之内），然后用力向床身导轨的紧端推拉，仔细用刮刀修去床身导轨面上的金属磨亮点。压板上的磨亮点不能刮，否则会增大间隙。直到在床身导轨全长上推动拖板，感觉紧松一致，灵活自如即可。

7. 爬行

机床进给系统的运动件，当其运行速度低到一定值时，不是做连续匀速运动，而是时走时停、忽快忽慢，这种现象称之为爬行。

【拓展知识】

1. 尺寸链

在零件加工或机器装配中，由互相联系的尺寸按一定顺序首尾相接排列而成的封闭尺寸组叫尺寸链，如图 4-32 所示。组成尺寸链的各个尺寸称为尺寸链的环。其中，在装配或加工过程中最终被间接保证精度的尺寸称为封闭环，用符号 A_0 表示；其余尺寸称为组成环，用符号 A_i 表示。组成环可根据其对封闭环的影响性质分为增环和减环。若其他尺寸不变，那些本身增大而封闭环也增大的组成环称为增环，那些本身增大而封闭环减小的组成环则称为减环。

尺寸链的主要特征有两点：其一为封闭性，由有关尺寸首尾相接而形成；其二为关联性，有一个间接保证精度的尺寸，受其他直接保证精度尺寸的支配，彼此间有确定的函数关系。

尺寸链按用途可分为零件尺寸链、工艺尺寸链（又叫工序尺寸链）、装配尺寸链。利用尺寸链，可分析、确定机器零件的尺寸精度，保证加工精度和装配精度，如图 4-33 至图 4-36 所示。

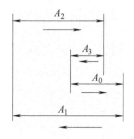

图 4-32　尺寸链

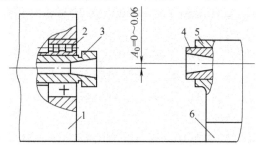

图 4-33　主轴锥孔轴线与尾座锥孔轴线装配关系
1—主轴箱　2—轴承　3—主轴　4—尾座顶尖套
5—尾座　6—尾座底板

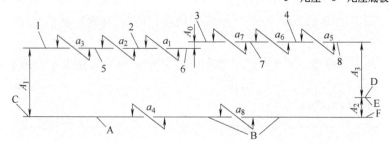

图 4-34　兼有尺寸误差、形位误差及配合间隙的装配尺寸链
A—安装主轴箱的床身平面　B—安装尾座底板的床身导轨面　C—主轴箱底面
D—尾座底面　E—尾座底板顶面　F—尾座底板底面
1—主轴箱主轴孔轴线　2—主轴前锥孔轴线、前顶尖后锥轴线　3—后顶尖前锥轴线
4—尾座套筒外圆轴线　5—主轴轴颈轴线、轴承内环轴线　6—后顶尖前锥轴线
7—后顶尖后锥轴线、尾座套筒轴线　8—尾座孔轴线

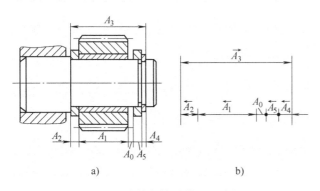

a)　　　　　　　　　　　　　b)

图 4-35　齿轮与轴的装配尺寸链

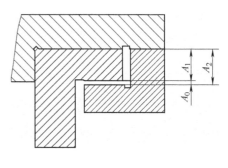

图 4-36　导轨与压板的装配尺寸链

2. 装配尺寸链的建立

建立装配尺寸链的步骤如下：

1）看清装配关系，找到各零件的装配基准。

2）明确装配要求（封闭环）。

3）查找组成环：从封闭环起顺其两头找，直到两头封闭。

3. 装配尺寸链的简化

在保证装配精度的前提下，装配尺寸链的组成环可以适当简化。

简化方法一：忽略一些相对较小的误差。例如将图 4-34 简化成图 4-37，包括 A_1、A_2、A_3 及 e_1、e_2、e_3 等组成环的装配尺寸链。

简化方法二：将某些环合并。由于几何公差和配合间隙的公称尺寸通常为零，故可以

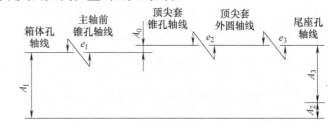

图 4-37　车床主轴锥孔轴线与尾座顶尖套锥孔轴线对床身导轨的等高度尺寸链

e_1—滚柱轴承外环内滚道与外圆的同轴度　e_2—顶尖套锥孔对外圆的同轴度　e_3—由于顶尖套与尾座孔的配合间隙引起的偏移量　A_1—主轴箱主轴孔轴线到底面的距离尺寸　A_2—尾座底板厚度　A_3—尾座孔轴线到底面的距离尺寸

将它们合并在相关的第一类组成环中；不改变第一类组成环的公称尺寸，但放大其公差带宽度。

4. 尺寸链的解算示例

（1）直线装配尺寸链

1）采用完全互换法时，装配尺寸链采用极值法公式计算，封闭环公差 T_0 与各组成环公差 T_i 的关系满足 $T_0 \geqslant \sum\limits_{i=1}^{n} T_i$，其中 n 为组成环个数。

2）采用不完全互换法时，装配尺寸链采用概率法公式计算。

3）选配法有 3 种形式：直接选配法、分组装配法和复合选配法。

4）常见的调整法可以分为 3 种：可动调整法、固定调整法（图 4-38）和误差抵销调节法。

5）修配法中称被修配的组成环为修配环。解算尺寸链的关键是分析修配后封闭环变大

还是变小。

（2）角度尺寸链　角度尺寸链的一个实例如图4-39所示。

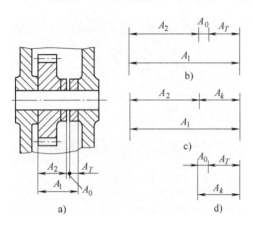

图4-38　固定调整法示例

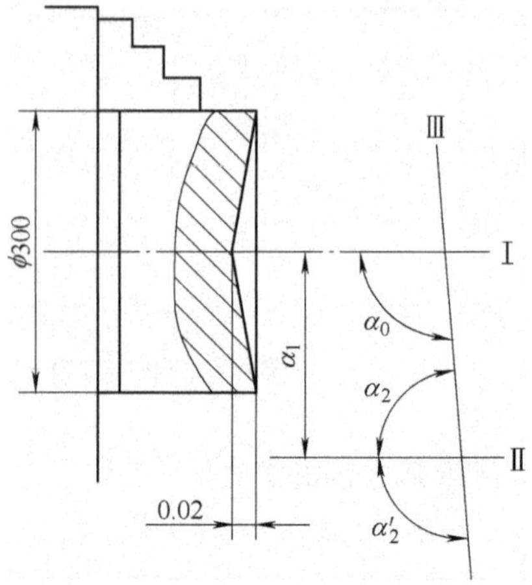

图4-39　车床装配角度尺寸链

（3）平面尺寸链　平面尺寸链的一个实例如图4-40所示。

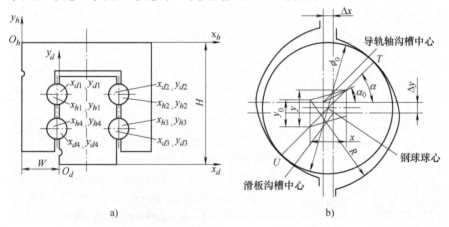

图4-40　四方向等载荷型哥德式沟槽导轨副的装配尺寸关系

a）导轨副装配关系　b）一对沟槽接触关系

【技能训练】

■任务

分小组分次进行车床导轨的修磨，每组约10人。

■分析与实践

1）打扫场地、车床、导轨磨床。

2）领器材、工具、量具。

3）安装车床，校准车床水平。

4）导轨磨削。

■教师检验、点评与评分

车床导轨磨削质量评分表见表 4-6。

表 4-6 　车床导轨磨削质量评分表

考核内容	考核要求	配分	得分
5S 工作	符合 5S 规范	10 分	
理论知识	了解导轨磨床的工作原理，了解自为基准的原理，了解并分析作业步骤及要求	30 分	
实际操作	按作业步骤及要求进行作业，作业规范，工具、量具使用正确	40 分	
作业结果及检验情况	车床导轨基准校准符合要求，导轨磨削质量符合要求	10 分	
安全工作	穿戴整齐，劳动保护正确，遵守操作规程，无事故，有预防措施	10 分	
总 计		100 分	

注：安全不及格，则本次实践成绩评定为不及格。

【课外作业】

一、填空题

1. 导轨磨床用于工件的_____、斜面、底面等的磨削加工。

2. _____是用来检验两个相结合面之间间隙大小的片状量规。

3. 在零件加工或机器装配过程中，由互相联系的尺寸按一定顺序首尾相接排列而成的封闭尺寸组称为_____。组成尺寸链的各个尺寸称为尺寸链的_____。

二、判断题

1. 基准是用来确定生产对象几何要素间几何关系所依据的点、线、面，是几何要素之间位置尺寸标注、计算和测量的起点和终点。

2. 机床导轨修磨通常情况下采用自为基准。自为基准是指加工余量小而均匀的精加工工序可以选择加工表面本身作为定位基准。

3. 研磨平板是一种对平面做精整加工用的铸铁平板。为了保证工件精度和表面粗糙度，利用涂敷或压嵌在研磨平板上的磨料颗粒，通过研磨平板与工件在一定压力下的相对运动，实现加工表面的精整加工。

三、选择题

1. 刮刀是进行刮削的主要工具，下列材料不适合制作刮刀的是（　　　　）。

（A）碳素工具钢　　　（B）Q235　　　　　　（C）高速工具钢　　　（D）轴承钢

2. 下列不属于导轨的是（　　　　）。

（A）矩形导轨　　　（B）燕尾形导轨　　　（C）V 形块　　　　　（D）圆柱形导轨

四、简答题

1. 整理本任务中的知识点、技能点。

2. 机床导轨磨削前如何找基准？

3. 机床导轨的表面是如何热处理的？

4. 手工刮削导轨过程中如何检验效果？

【阅读材料】

机床导轨修复方法

杨小华（丽水职业技术学院）

机床导轨是机床的基准，为机床功能的实现奠定基础。机床在长期使用后，通常由于导轨失效而丧失精度。机床大修与否也常取决于导轨的磨损情况。

各种类型的机床工作部件，都是利用控制轴在指定的导轨上移动。导轨一方面为运动部件提供光滑的运动表面，为运动部件的运动导向，另一方面把机床的切削运动所产生的作用力传递到床身或地基上，减少由此产生的冲击对被加工零件的影响。

导轨系统最基本的元件为一个运动元件和一个固定元件。运动元件的形式多种多样，固定元件的形式多为轨道式，它是导轨精度的保证。如果导轨失效，运动元件便失去精确的导向，直接影响到被加工零件的几何精度与相互位置精度，造成机床加工精度和加工质量下降。常用导轨分为平面导轨、直线滚动导轨和滚柱体导轨。

机床导轨的常用修复方法如下。

1. 钎焊修复法

对于机床导轨面产生划伤和研伤的情况，可采用锡铋合金进行钎焊修复。

（1）修复材料制作（成分为质量分数）

1）制作锡铋合金焊条：在铁制容器内投入55%的锡（熔点为232℃）和45%的铋（熔点为271℃），加热到完全熔融，迅速注入一定形状的钢槽内，冷却凝固后取出。

2）配制焊剂：将氯化锌12%、氯化亚铁21%、蒸馏水67%放入玻璃瓶内，用玻璃棒搅拌到完全溶解。

3）1号镀铜液的配制：在30%的浓盐酸中加入4%的锌，完全溶解后再加入4%的硫酸铜和62%的蒸馏水，并搅拌均匀。

4）2号镀铜液的配制：以75%的硫酸铜加25%的蒸馏水搅拌均匀。

（2）焊前准备

1）先用煤油或汽油等清洗剂将待焊补部位擦洗干净，再用氧乙炔火焰烧除油污。

2）用稀盐酸去污，再用细钢丝刷反复刷擦，直到露出金属光泽，用脱脂棉沾丙酮擦洗干净。

3）迅速用脱脂棉沾上1号镀铜液涂在待焊补部位，同时用干净的细钢丝刷刷擦，再涂，再刷，直到染上一层均匀的淡红色。

4）用同样的方法涂擦2号镀铜液，反复几次，直到染成暗红色为止。镀铜液自然晾干后，用细钢丝刷擦净，无脱落现象即可。

（3）施焊 将焊剂涂在待焊补部位及烙铁上，用已加热的300～500W电烙铁或纯铜烙铁切下少量焊条涂于施焊部位，用侧刃轻轻压住，趁焊条在熔化状态时，迅速在镀铜面上往复移动涂擦，并注意赶出细缝及小凹坑中的气体。

（4）焊后检查和处理 当导轨研伤部位完全被焊条填满并凝固之后，用刮刀以45°交叉形式仔细修刮。若有气孔、焊接不牢等缺陷，则补焊后修刮至要求。条件许可时，也可利用冷焊机解决传统焊补工艺中所出现的表面裂纹、表面可加工性差及颜色差异等问题。

2. 氧乙炔火焰热喷涂修复法

在导轨上用氧乙炔火焰喷涂一层工程塑料修复其磨损，既不产生变形又可提高导轨的耐磨性和减摩性，延长使用寿命。

（1）喷前准备　包括清洗、表面预加工、表面粗化和预热等工序。

（2）喷涂结合层　对预处理后的工件立即喷涂结合层，结合层的厚度一般为0.10～0.15mm，喷涂距离为180～200mm。

（3）喷涂工作层　结合层喷涂好后应立即喷涂工作层，送粉量应适中。

（4）喷涂后处理　包括缓冷、防腐、耐磨处理和精加工等工序。

3. 胶粘修复法

PTFE机床导轨抗磨软带是以聚四氟乙烯为基材的高分子复合材料，作为耐磨副其特点是摩擦系数低、抗磨损，静动摩擦系数小，不爬行，定位准确，防振、消声、运行平稳，低能耗，具有耐老化、耐酸碱和足够的机械物理性能，能提高机床加工精度、延长导轨副使用寿命。软带粘接时，可以拼接或对接，接缝需严密，边缘应平整。

配胶：专用胶须随配随用，按A组分/B组分＝1/1的重量比称量混合，搅拌均匀后即可涂胶。

涂胶：可用"带齿刮板"或1mm厚的胶木片进行涂胶。专用胶可纵向涂布于金属导轨上，横向涂布于软带上，涂布应均匀，胶层厚度控制在0.08～0.12mm之间。

粘贴：软带粘贴在金属导轨上时需前后左右蠕动一下，使其全面接触；用手或器具从软带长度中心向两边挤压，以赶走气泡；用重物加压或扣压于床身导轨上，加压均匀，压强通常为0.05～0.1MPa。加压前在软带面上覆盖一层油纸或在加压面上涂一薄层润滑脂或润滑油，防止胶粘剂粘接加压物。

软带导轨面的加工：软带粘贴后约24h固化（环境温度15℃以上），固化后清除余胶，切去软带工艺余量，并倒角。软带导轨面可用机械加工或手工刮研方法达到精度要求。软带具有良好的刮削性能，可研磨、铣削或手工刮研至精度要求，机加工时必须浇冷却液充分冷却，且吃刀量要小；配刮则可按通常刮研工艺进行，接触均匀，接触面达70%以上。磨削时必须充分冷却。软带导轨面上开油槽，可用弯头成形刀或刮刀侧刃以钢平尺导向手工操作或机械方法开油槽，油槽底部应为圆角，软带开油孔、油槽方式与金属导轨相同，油槽一般不开透软带，油槽深度为软带厚度的1/2～2/3，油槽离软带边缘6mm以上。

4. 刮研修复法

未经淬硬处理的机床导轨，如果磨损、拉毛、咬伤程度不严重，可采用刮研修复法进行修理。对于与"基准导轨"相配合部件（如工作台、溜板、滑座等）的导轨面以及特殊形状导轨面的修理也常采用刮研法。刮研一般分为粗刮、细刮和精刮等步骤，并依次进行。

1）修复机床部件移动的"基准导轨"，该导轨通常比沿其表面移动的部件导轨长。

2）V形平面导轨副，应先修刮V形导轨，再修刮平面导轨。

3）双V形、双平面（矩形）等相同形式的组合导轨，应先修刮磨损量较小的导轨。

4）修刮导轨时，如果该部件上有不能调整的基准孔（如丝杠、螺母等装配基准孔），应先修整基准孔，再根据基准孔来修刮导轨。

5）与"基准导轨"配合的导轨，只需与"基准导轨"合研配刮。

5. 刷镀修复法

灰铸铁导轨拉伤深度不大于 0.2mm，拉痕只有长短不等数条，可采用刷镀修复法，步骤如下：

（1）表面预处理　溶剂去油后，用刮刀等机械方法修整拉伤沟槽呈圆滑过渡，过窄沟槽边棱修成斜面，以保证镀笔有效接触。沟槽两侧留出 2 倍辅助镀面，其余用胶带防护。

（2）电净处理　导轨接负极，电压取 8 ~ 15V，在拉伤及边缘电净 30 ~ 60s，随后清水冲净。

（3）活化处理　导轨接正极，用 2 号活化液在 6 ~ 12V 下处理，出现黑色表面后清水冲洗。再用 3 号活化液在 8 ~ 20V 下处理至银灰色，清水冲洗。

（4）刷镀过渡层　用中性快速镍在 10 ~ 15V 下刷 1μm 后清水冲洗。

（5）刷镀尺寸层　用碱铜在 10 ~ 15V 刷镀到沟槽填满后清水冲洗。

（6）修整镀层　除去胶带，用刮刀或油石修去多余镀层。

任务4.4　滚珠丝杠、数控电动机安装

【实训器材】

滚珠丝杠、数控电动机、配件。
车床或机床工作台。
工具。
夹具。

【基础知识】

1. 螺旋传动

1）螺旋传动的组成：螺旋传动主要由螺杆、螺母和机架组成。

2）螺旋传动的类型：

①滑动螺旋：滑动螺旋中螺母与螺杆间的摩擦为滑动摩擦。滑动螺旋传动具有结构简单、制造方便、成本低、有自锁性等优点，但螺母与螺杆间的摩擦大，易磨损，且传动效率低。

②滚动螺旋：滚动螺旋是在螺杆和螺母之间的滚道添加滚珠。滚动螺旋主要由滚珠、螺杆、螺母及滚珠循环装置组成，其工作原理是在螺杆和螺母的螺纹滚道中装有一定数量的滚珠，当螺杆与螺母作相对的螺旋运动时，滚珠在螺旋滚道内滚动，并通过滚珠循环装置的通道构成封闭循环，从而实现螺杆与螺母间的滚动螺旋传动。

3）螺旋机构分类：按用途不同，螺旋机构分为传动螺旋、传力螺旋和调整螺旋 3 种类型。

2. 丝杠副的装配技术要求

丝杠副的装配一般应满足以下技术要求：

1）丝杠副应当有较高的配合精度，保证规定的配合间隙。

2）保证螺母轴线与两支承座孔的轴线的同轴度及丝杠轴线与基准面的平行度。

3）丝杠与螺母应转动灵活、平稳，在丝杠的不同轴向位置所需的转动力矩保持恒定。

4）保证丝杠副的运动精度。

3. 丝杠副配合间隙及预载荷的调整

（1）丝杠副配合间隙的调整方法　径向间隙直接反映丝杠、螺母的配合精度，对无消除间隙机构的丝杠副，一般采用单配或选配的方法，按规定确定径向间隙值。

1）单螺母结构：对只有一个螺母的丝杠螺母传动机构，可采取如图4-41所示机构使螺母与丝杠始终保持单向接触。

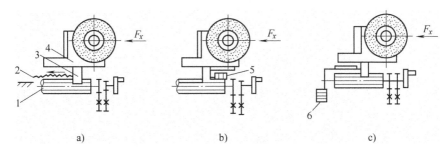

图4-41　单螺母消隙机构

a）弹簧拉力消隙　b）液压缸压力消隙　c）重锤消隙

1—丝杠　2—弹簧　3—螺母　4—砂轮架　5—液压缸　6—重锤

2）双螺母结构：通过调整两个螺母的轴向相对位置，消除螺母与丝杠之间的轴向间隙并实现预紧，如图4-42所示。

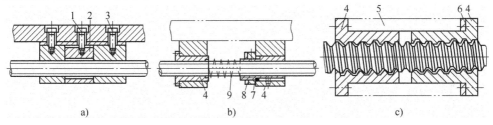

图4-42　双螺母消隙机构

a）斜面消隙　b）弹簧消隙　c）垫片消隙

1—螺钉　2—楔块　3—螺钉　4—螺母　5—工作台　6—垫片　7—调整螺母　8—垫圈　9—弹簧

（2）精密滚珠丝杠副预加载荷方法

1）单螺母结构的加载方法如图4-43所示。

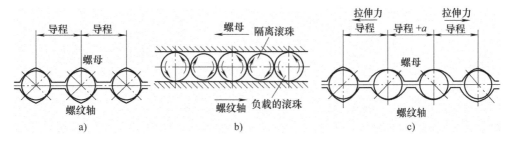

图4-43　单螺母滚珠丝杠副施加预载荷的方法

a）稍大钢球加载　b）隔离球的作用　c）变动导程加载

2）双螺母结构的加载方法如图 4-44 所示。

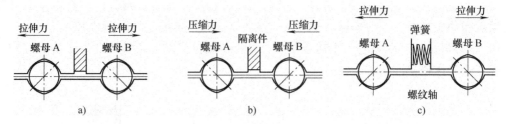

图 4-44 双螺母滚珠丝杠副施加预载荷的方法
a）拉伸预载荷 b）压缩预载荷 c）恒压预载荷

3）带预载荷滚珠丝杠的弹性变形。对恒定位置预紧，即单螺母变动导程和双螺母加垫片的预紧方法，所推荐的预载荷一般为最大轴向载荷的 1/3，最大不超过基本额定动载荷的 10%。预载荷过大会产生过大的摩擦和热，缩短使用寿命。在轴向载荷为预载荷 3 倍时，滚珠丝杠经过预紧的弹性变形约为无预紧的 1/2。

讨论 采用单螺母机构或双螺母机构，丝杠副的运动精度有何不同？

4. 丝杠副轴线的校正

（1）一般校正 用通用的辅具或丝杠本身校正。

1）用检验心轴校正，如图 4-45 所示。

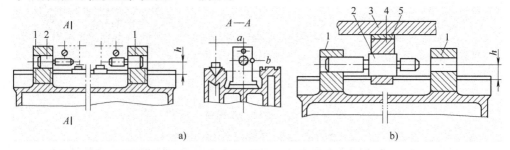

图 4-45 用校正心轴校正螺母孔与前、后轴承孔的同轴度
1—轴承座 2—检验心轴 3—工作台 4—螺母座 5—垫片

2）直接用丝杠校正，如图 4-46 所示。

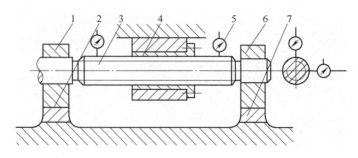

图 4-46 用丝杠直接校正两轴承孔与螺孔的同轴度
1—前轴承座 2—垫片 3—丝杠 4—螺母座 5—百分表 6—后轴承座 7—垫片

（2）平-V 形专用量具校正 成批生产或大型机床的丝杠副一般采用如图 4-47 所示的平-V 形专用量具校正。

（3）光学量具校正 多支承的大型螺纹磨床的丝杠副多采用光学准直仪或激光准直仪来校正同轴度。

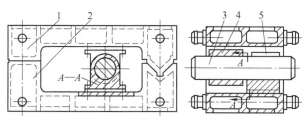

5. 丝杠副灵活度的调整

（1）滑动丝杠副的灵活度调整

从装配的角度而言，丝杠副的灵活度主要取决于丝杠与螺母在承受载荷的情况下的同轴度。

图 4-47 用平-V 形专用量具校正同轴度
1—平-V 形专用量具（凸） 2—平-V 形专用量具（凹）
3—检验心轴 4、5—定心座

（2）滚珠丝杠副的灵活度调整

滚珠丝杠副装配时，保证其灵活度除需满足上述要求外，还应保证滚珠在出入反向器通道时平稳、顺畅，这一要求主要由丝杠副本身的加工、装配质量保证。

6. 丝杠副定位精度的调整

（1）累积基础导程调整 丝杠的累积基础导程可以调整到规定导程的负侧或正侧，以分别补偿工作中的热伸长或在外部载荷下丝杠所产生的变形。

（2）热伸长的抑制 对于在高速下工作的丝杠，热伸长对定位精度影响很大。控制丝杠热伸长的措施有：

1）抑制热的产生。

2）强制冷却。

3）减少温升的影响。

图 4-48 所示为空心滚珠丝杠的强制冷却效果示意图。

7. 滚珠丝杠

滚珠丝杠由螺杆、螺母、钢球、预压片、反向器、防尘器组成，如图 4-49 所示。它的功能是将旋转运动转化成直线运动，从滑动动作变成滚动动作。由于具有很小的摩擦阻力，滚珠丝杠被广泛应用于各种工业设备和精密仪器。

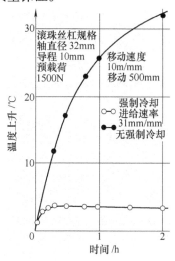

图 4-48 空心滚珠丝杠
的强制冷却作用

8. 滚珠丝杠副的安装

滚动丝杠副是在具有螺旋槽的丝杠和螺母之间，连续填装滚珠作为滚动体的螺旋传动机构。当丝杠或螺母转动时，滚动体在螺纹滚道内滚动，使丝杠和螺母做相对运动时成为滚动摩擦，并将旋转运动转化为直线往复运动。由于滚动丝杠副具有高效增力、传动轻快敏捷、零间隙、高刚度、提速快、运动可逆、对环境适应性强、位移十分精确等优点，使它在众多线性驱动元、部件中脱颖而出，凸显出其独特的优势。在数控机床功能部件中它是标准化、集约化、专业化程度很高的功能部件。

图 4-49 滚珠丝杠

（1）滚珠丝杠副的结构　滚珠丝杠副包含两个主要部件：螺母和丝杠。螺母主要由螺母体和循环滚珠组成，多数螺母（或丝杠）上有滚动体的循环通道，与螺纹滚道形成循环回路，使滚动体在螺纹滚道内循环。滚珠丝杠的结构如图4-50所示。丝杠是一种直线度很高、其上有螺旋形槽的螺纹轴，槽的形状是半圆形，滚珠可以安装在里面并沿其滚动。丝杠的表面经过淬火后再进行磨削加工。

（2）滚珠丝杠副的工作原理　滚珠丝杠副的工作原理和螺母与螺杆之间传动的工作原理基本相同，如图4-51所示。当丝杠能旋转而螺母不能旋转时，旋转丝杠，螺母便进行直线移动，而与螺母相连的滑板也作直线往复运动。

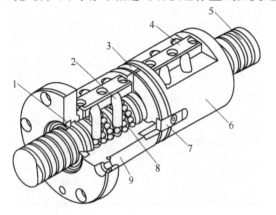

图4-50　滚珠丝杠的结构

1—迷宫式密封圈　2—弯管　3—垫片　4—压板

5—丝杠　6—螺母B　7—键　8—滚珠　9—螺母A

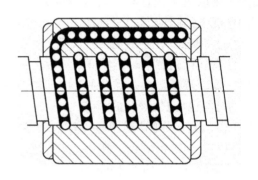

图4-51　滚珠丝杠的工作原理

循环滚珠位于丝杠和螺母合起来形成的圆形截面滚道。

丝杠旋转时，滚珠沿着螺旋槽向前滚动。由于滚珠的滚动，它们便从螺母的一端移至另一端。为了防止滚珠从螺母中跑出或卡在螺母内，采用导向装置将滚珠导入返回滚道，然后再进入工作滚道中，如此往复循环，使滚珠形成一个闭合的循环回路。滚珠从螺母的一端到另一端，并返回滚道的运动又称作"循环运动"，所以滚珠本身又称作"循环滚珠"。

（3）丝杠的受力情况　滚珠丝杠的受力如图4-52所示。滚珠螺母不能承受径向力，它只能承受轴向的压力（沿丝杠轴的方向）。丝杠径向受力时，很容易变形，从而影响位移的精度。

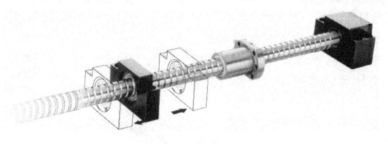

图4-52　滚珠丝杠的受力

（4）滚珠丝杠副的润滑　滚珠丝杠副的正常运行需要良好的润滑。润滑的方法与滚珠轴承相同，既可以使用润滑油，也可以使用润滑脂。由于滚珠螺母做直线往复运动，因此丝杠上润滑剂的流失要比滚珠轴承严重（特别是使用润滑油时）。

1）润滑油：使用润滑油时，温度很重要。温度越高，油液就越稀（黏度变小）。高速运行时，滚珠丝杠副温升非常小。因此，油的黏度变化不大。但是，润滑油会流失，故一定要安装加油装置。

2）润滑脂：使用润滑脂时，添加润滑脂的次数可以减少（因为流失的量比较少）。润滑脂的添加次数与滚珠丝杠的工作状态有关，一般每 $500 \sim 1000h$ 添加一次润滑脂。可以安装加油装置，但并不必需。不能使用含石墨或二硫化钼（MoS_2）（粒状）的润滑脂，因为这些物质会给设备带来磨损或擦伤。

（5）滚珠丝杠副的安装　由于是高精度传动部件，滚珠丝杠副的安装和拆卸都必须十分小心。

污物和任何损伤都会严重影响滚珠丝杠副的正常运动，还会缩短它的使用寿命，降低位移的精度。如果安装或拆卸不当，滚珠还会跑出滚道，必须利用专用工具将其装回螺母。

螺母的安装与拆卸步骤如下：

1）在塞子的末端有一橡胶圈，防止螺母从塞子上滑下。将螺母安装在丝杠上时，首先要卸下这个橡胶圈。保存好橡胶圈，拆卸时会用到。注意不要让螺母从塞子上滑下。

2）安装塞的设计使螺母不能从一个方向装至丝杠上。将塞子和螺母一起滑装到丝杠轴颈上，轻轻地按压螺母，直到其到达丝杠的退刀槽处，无法再向前移动为止。

3）将螺母旋在丝杠上，并始终轻轻按压螺母，直到它完全旋在丝杠上为止。

4）当螺母旋上丝杠，安装塞仍然套在轴颈上时，将安装塞卸下。塞子应当和橡胶圈保存在一起，因为拆卸时还要用到这些附件。

螺母的拆卸方法与上面的步骤正好相反。首先将塞子滑装到丝杠轴颈上，然后旋转螺母至塞子上，再把它们一起卸下来。螺母卸下来以后，应当重新装上橡胶圈。

（6）滚珠丝杠的调节　滚珠丝杠必须与导轨完全平行。否则，整个运动装置就会处于过定位状态，并出现摩擦或阻滞现象。

调整时，丝杠必须与导轨在两个方向（水平方向和垂直方向）上平行。操作过程中可使用量块、测量杆、水平仪或百分表等量具进行测量，但测量工具的选择取决于设备的结构以及丝杠和导轨的安装位置。

调整时，丝杠只能沿一个方向（水平方向）进行调节，而另一个方向（垂直方向）则必须用垫片来进行调节。因此，为了使两个轴承座具有相同的高度，调节时可以在低的轴承座下面塞一些不同厚度的垫片。这些垫片可以由薄的黄铜片组成。根据高度差，可以使用一片或多片垫片。黄铜垫片在塞前应当先剪成适当的形状。垫片也可由多层黄铜箔压在一起组成，为了获得需要的厚度，有时必须使用大量的黄铜片。

9. 数控电动机

数控电动机一般采用步进电动机或伺服电动机。

步进电动机是将电脉冲信号转变为角位移或线位移的开环控制元件。伺服电动机是指在伺服系统中控制机械元件运转的电动机，伺服电动机可控制速度，位置精度非常准确，可以将电压信号转化为转矩和转速以驱动控制对象。滚珠丝杠和伺服电动机安装示意图如图4-53所示。

【拓展知识】

1. 安装配件

在车床上安装数控电动机、滚珠丝杠时，安装配件主要有电动机固定座、丝杠固定座、联轴器等。

2. 机床床身批灰

一般机床床身为采用普通黏土砂型生产的铸铁件，铸件中易出现气孔、缩孔和裂纹等缺陷，为了能保证机床外观质量，通过机床底漆批灰工艺，来填补气孔、砂眼等，保证大面平整、角线整齐。

机床床身批灰一般采用原子灰。

3. 原子灰

原子灰是一种方便快捷的双组分新型嵌填修补材料，主要用于对底材凹坑、针缩孔、裂纹和小焊缝等缺陷的填平与修饰，满足面漆前底材表面的平整、平滑，广泛应用于火车制造、轮船制造、客车制造、工程机械制造、机床机械设备制造、汽车修补、家具、模具、混凝土建筑物及各种需要填平修补的金属制品、木制品、玻璃钢制品等领域。

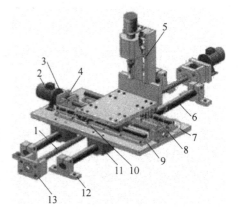

图 4-53　滚珠丝杠和伺服
电动机安装示意图
1—滚珠丝杠　2—伺服电动机　3—联轴器
4—锁紧螺母　5—直线导轨　6—直线光轴
7、9—滑动单元　8—滑块　10—滑块
11—转动单元　12—光轴支承座
13—滚珠丝杠支承座

原子灰使用方法：

1）被涂刮的表面必须清除油污、锈蚀、旧漆膜、水分，需确认其干透并经过打磨。

2）将主灰和固化剂按100∶1.5～3（重量计）调配均匀（色泽一致），并在凝胶时间内用完（一般原子灰的凝胶时间为5～15min），气温越低固化剂用量越多，但一般不应大于100∶3。原子灰分夏季型及冬季型，根据季节气温的不同使用不同类型的原子灰。

3）用刮刀将调好的原子灰涂刮在打磨后的双组分底漆或已处理好的板材表面上，如需厚层涂刮，最好分多次薄刮至所需厚度。涂刮时若有气泡渗入，必须用刮刀彻底刮平，以确保有良好的附着力。一般刮灰后0.5～1h为最佳湿磨时间（水磨抛光，需待水汽干透后方可喷漆），2～3h为最佳干磨时间。打磨好后除掉表面灰尘，即可喷涂中涂漆、面漆、罩光清漆等后继操作。对要求高的场合，在原子灰打磨后，还需刮涂细刮原子灰（红灰、填眼灰）以填平细小缺陷，再喷涂显示层并打磨来检查细小缺陷，然后再做后续喷涂。

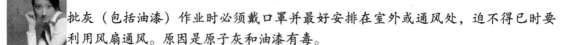

批灰（包括油漆）作业时必须戴口罩并最好安排在室外或通风处，迫不得已时要利用风扇通风。原因是原子灰和油漆有毒。

【技能训练】

■任务

分小组进行滚珠丝杠、数控电动机安装，每组约5～6人。

■分析与实践

1）打扫场地、车床或工作台。

2）领器材、工具、量具。

3）制定装配工艺并经教师认可。

4）安装滚珠丝杠、数控电动机。

■教师检验、点评与评分

滚珠丝杠、数控电动机安装质量评分表见表4-7。

表4-7 滚珠丝杠、数控电动机安装质量评分表

考核内容	考核要求	配分	得分
5S工作	符合5S规范	10分	
理论知识	了解滚珠丝杠的工作原理，了解并分析滚珠丝杠、数控电动机安装步骤及要求	30分	
实际操作	按作业步骤及要求进行作业，作业规范，工具、量具使用正确	40分	
作业结果及检验情况	滚珠丝杠、数控电动机安装质量符合要求	10分	
安全工作	穿戴整齐，劳动保护正确，遵守操作规程，无事故，有预防措施	10分	
总 计		100分	

注：安全不及格，则本次实践成绩评定为不及格。

【课外作业】

一、填空题

1. 滚动螺旋是在螺杆和螺母之间的滚道添加_____。

2. 滚珠丝杠副的正常运行需要良好的润滑。润滑的方法与滚珠轴承相同，既可以使用_____，也可以使用_____。

3. 一般机床床身为采用普通黏土砂型生产的铸铁件，铸件中易出现_____、_____和裂纹等缺陷。

二、判断题

1. 滚珠丝杠的功能是将旋转运动转化成直线运动，从滑动动作变成滚动动作。由于具有很小的摩擦阻力，滚珠丝杠被广泛应用于各种工业设备和精密仪器。

2. 滚珠丝杠副的正常运行需要良好的润滑，但由于滚珠螺母做直线往复运动，丝杠上润滑剂的流失要比滚珠轴承严重（特别是使用润滑油的时候）。

三、选择题

1. 按用途不同，螺旋传动可分为传动螺旋、传力螺旋和（ ）3种类型。

（A）调整螺旋 （B）滑动螺旋 （C）滚动螺旋 （D）运动螺旋

2. 滚珠丝杠由螺杆、螺母、预压片、反向器、防尘器和（ ）等组成。

（A）钢球 （B）滚柱 （C）弹簧 （D）卡簧

四、简答题

1. 整理本任务中的知识点、技能点。

2. 简述丝杠副的装配要求。

3. 如何调整丝杠副的灵活度？

【阅读材料】

普通机床数控化改造思路探讨

杨绍荣（金华职业技术学院）

普通机床有加工精度较低、工人劳动强度高等缺点。

数控机床与普通机床相比有以下突出的优越性：

1）可以加工传统机床不能或不易加工的具有曲线、曲面等复杂结构的零件。由于计算机有高超的运算能力，可以准确地计算出每个坐标轴瞬时运动量，因此可以复合成复杂的曲线或曲面。

2）可以实现加工的自动化，而且是柔性自动化，从而效率可比传统机床提高 3~7 倍。由于计算机有记忆和存储能力，可以将输入的程序记住并存储下来，然后按程序规定的顺序自动去执行，从而实现自动化。数控机床只要更换一个程序，就可以实现另一个零件的加工，从而使单件和小批量生产得以自动化，故被称为实现了"柔性自动化"。

3）加工零件的精度高、尺寸分散度小，使装配容易，不再需要"修配"。

4）可实现多工序的集中，减少零件在机床间的频繁搬运。

5）拥有自动报警、自动监控、自动补偿等功能，因而可实现长时间无人看管加工。

以上优越性派生的好处是降低了工人的劳动强度，节省了劳动力（一人可看管多台机床），减少了工装，缩短了新产品试制周期和生产周期，可对市场需求做出快速反应等。此外，机床数控化也是推行 FMC（柔性制造单元）、FMS（柔性制造系统）以及 CIMS（计算机集成制造系统）等企业信息化改造的基础。数控技术已经成为制造业自动化的核心技术和基础技术。

数控系统是数控机床的中枢，它接受输入装置送来的脉冲信息，进行编译、运算和逻辑处理，输出各种信息和指令，控制机床的各个部分进行有序动作。

数控机床通常按不同的要求选用反应式步进电动机、混合式步进电动机、直流伺服电动机或交流伺服电动机。

检测元件检测位移和速度的实际值，并向数控装置或伺服装置发送反馈信号，从而构成闭环控制。检测元件包括光电编码器、光栅尺等。

直线滚动导轨副可使机床的零、部件（如床鞍）的往复直线运动摩擦小，定位准确。

滚珠丝杠副将伺服电动机的旋转运动转变为执行部件的直线运动，这些执行部件包括溜板箱、刀架等。

数控机床在设计上应达到：高的静、动态刚度；运动副之间的摩擦系数小；传动无间隙；功率大；便于操作和维修。机床数控改造时应尽量达到上述要求。

（1）滑动导轨副　对数控车床来说，导轨除应具有普通车床导轨的导向精度和工艺性外，还要有良好的耐磨损特性，并减少因摩擦阻力而产生死区；要有足够的刚度，以减少导轨变形对加工精度的影响；还要有合理的导轨防护和润滑。

（2）齿轮副　一般机床的齿轮主要集中在主轴箱和进给变速箱。为了保证传动精度，数控机床上使用的齿轮精度等级比普通机床高。在结构上要能达到无间隙传动，因而改造时，机床主要齿轮必须满足数控机床的要求，以保证机床加工精度。

（3）滑动丝杠与滚珠丝杠 丝杠传动直接关系到传动链精度。丝杠的选用主要取决于被加工件的精度要求和拖动扭矩要求。被加工件精度要求不高时可采用滑动丝杠，但应检查原丝杠磨损情况，如螺距误差、螺距累计误差以及相配螺母间隙。一般情况下滑动丝杠应不低于 6 级。螺母间隙过大，则更换螺母。滑动丝杠相对滚珠丝杠价格较低，但难以满足精度较高的零件加工要求。

滚珠丝杠摩擦损失小，效率高，其传动效率可在 90% 以上；精度高，寿命长；起动力矩和运动时力矩相接近，可以降低电动机起动力矩，可满足较高精度零件的加工要求。

普通机床数控化改造思路及举例如下。

例 1：普通车床的数控化改造

普通车床加工时，刀具的进给运动要么是手动进给（大拖板、中拖板、小拖板或尾座），要么是自动进给，但只能是大拖板或中拖板当中的一轴，不能两者同时自动进给，刀架的转动也是手动。如果将普通车床的 X、Z 两轴分别加装步进电动机和滚珠丝杠，在数控系统的控制下，就能使 X、Z 两轴联动，就可以实现自动进给。如果加装了电动刀架，那么刀架的转动也可由数控系统控制。

选用广州数控设备有限公司生产的 GSK980T 数控系统、DA98 交流伺服单元及 4 工位自动刀架对 CA6140 车床 X、Z 两轴进行数控改造；保留了原有的主轴系统和冷却系统；改造的两轴在机械上采用了滚珠丝杠及同步带传动机构。整个改造工作包括机械设计、电气设计、机床大修及整机的安装和调试。车床改造后，加工有效行程 X/Z 轴分别为 390mm/730mm；最大进给速度 X/Z 轴分别为 1200/3000 mm/min；手动速度为 400mm/min；手动快速 X/Z 轴分别为 1200/3000mm/min；机床最小移动单位为 0.001mm。

1）车床 X、Z 两轴联动，机床能在端面、内孔或外圆上车削任何半径的圆弧，不像普通车床只能加工直线，加工曲线需要靠模。

2）车床添置电动刀架后，能提高生产率，比手工转动刀架节约了时间，提高了加工精度。

3）进给方式实现数控后，有利于提高加工性能，如在普通钻床或攻丝机上改装数控进刀后，能使进刀按："接触工件时慢→加工时较快→加工即将完成时慢"的方式进行，特别适合加工小孔或攻螺纹。

4）车床添置编码器后，能使工件转动与刀架在 Z 轴（或 X 轴）方向上按所需要的任何比例运动，改变了普通车床加工螺纹时螺距受交换齿轮传动比的限制。

例 2：普通铣床的数控化改造

普通铣床加工时，经常利用分度头对工件进行分度。由于是手工分度，效率低、精度低、易出错。如果用数控分度头代替普通分度头，并对铣床进行 X、Y 两轴（或 X、Y、Z 三轴）数控改造，就能实现自动进刀→自动退刀→自动分度→自动进刀的自动加工动作，大大提高效率，减少手工操作。

选用数控分度头，用三坐标数控系统、步进驱动系统对 X53 铣床进行 X、Y、Z 三轴数控改造；保留了原有的主轴系统和冷却系统；改造的三轴在机械上采用了滚轴丝杠及无间隙齿轮传动机构。整个改造工作包括机械设计、电气设计、机床大修，最后是整机的安装和调试。铣床改造后，加工有效行程 $X/Y/Z$ 轴分别为 630mm/240mm/280mm；最大速度 $X/Y/Z$ 轴分别为 3000/1000/600mm/min；手动进给速度 $X/Y/Z$ 轴分别为 2000/800/500mm/min；最小移动单位为0.001mm。

1）铣床 X、Y、Z 中两轴联动，机床能加工曲线或曲面。

2）铣床添置数控分度头后，能提高生产率，比手工分度节约了时间，提高了加工精度。

3）进给方式实现数控后，有利于提高加工性能，如在铣削时，能使进刀按："接触工件时慢→加工时较快→加工即将完成时慢"的方式进行，并能实现自动分度和自动铣削进给。

4）铣床添置编码器后，能使工件转动（即分度头转动）与床鞍在 Y 轴（或 X 轴）方向上运动按所需要的任何比例运动，铣削任何螺距的螺旋槽。

例3：普通铣齿机的数控化改造

铣齿机切齿加工时存在3个相关联的连续旋转运动：①铣刀盘旋转切削运动；②工件（轮坯）的旋转分齿运动；③机床摇台相对于工件的展成运动。

由于摇台转动（即进给运动）使平面产形齿轮在铣刀盘旋转切削运动的基础上产生附加运动，这样工件的旋转分齿运动必须在原来运动的基础上产生相应的附加运动（差动），通过这种滚切运动形成所需要的齿形。

当机床工作时，如果用编码器跟踪机床铣刀盘旋转切削运动，那么铣刀盘旋转切削运动、工件（轮坯）旋转分齿运动和摇台相对于工件的展成运动三者之间的关系与数控车床加工螺纹时相当，因此可以采用车床数控系统对铣齿机进行数控化改造。

铣齿机数控化改造原理示意图如图4-54所示。

铣齿机数控化改造电气部分略。

H1-003型铣齿机数控化改造主要零部件参数见表4-8。

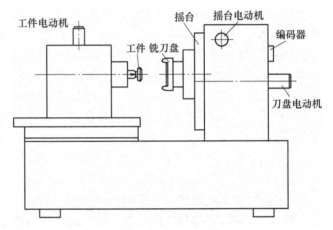

图4-54　铣齿机数控化改造原理示意图

表4-8　H1-003型铣齿机数控化改造主要零部件参数

名　称	型　号	备　注
刀盘电动机	三相交流电动机	0.8kW，1400r/min，主带轮 ϕ200mm（A型），从带轮 ϕ60mm（A型）
刀盘	ϕ80，ϕ50	全新设计。刀齿组数1
编码器	ZL01-610	无锡市科瑞特精机有限公司
摇台电动机	110BYG3504	常州电机电器总厂
工件电动机	110BYG3502	常州电机电器总厂
蜗轮蜗杆副	蜗轮	模数3mm 齿数30 螺旋角 右14°02′10″
	蜗杆	模数3mm 头数3　螺旋角 右14°02′10″
数控系统	GSK928TC	广州数控设备有限公司

数控化改造后的 H1-003 型铣齿机，在加工直径 110mm 的齿轮（甚至加工直径达 125mm 的齿轮）时机床振动小，齿轮齿面质量好、精度高，生产效率高。

滚齿机改造时添置编码器后，能使滚刀转动、工件转动与进给运动实现联动，原机床内部结构简化，传动链缩短，改变了普通滚齿机加工齿轮时受交换齿轮传动比的限制，提高了机床精度。

任务 4.5 直线滚动导轨副安装

【实训器材】

直线滚动导轨副。
机床工作台。
框式水平仪（2 台）、百分表、磁性表座。
工具。

【基础知识】

1. 直线滚动导轨副

直线滚动导轨副（图 4-55）简称直线滚动导轨，由导轨轴和滑块座组成，是在滑块与导轨轴之间放入适当的钢球，使滑块与导轨轴之间的滑动摩擦变为滚动摩擦，静摩擦力很小，随动性极好，即驱动信号与机械动作滞后的时间间隔极短，有利于提高数控系统的响应速度和灵敏度。滑块座由滑块、钢球、滚珠循环装置、保持架、密封端盖及挡板等组成。当导轨轴与滑块做相对运动时，钢球沿着导轨轴上的经过淬硬和精密磨削加工而成的 4 条滚道滚动，

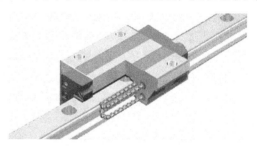

图 4-55　直线滚动导轨副

在滑块端部钢球又通过滚珠循环装置进入返向孔后再进入滚道，钢球就这样周而复始地进行滚动运动。返向器两端装有防尘密封端盖，可有效地防止灰尘、屑末进入滑块内部。

2. 直线滚动导轨的精度

直线滚动导轨的正常运行及运动精度取决于如下因素：

1）当使用 2 根以上导轨或不同类型导轨时，导轨的校准精度（高度上的误差以及导轨的平行度）。

2）导轨相对机器零、部件的精度。

3）各段导轨的正确连接。

4）各段导轨的校准精度。

5）螺栓的拧紧力矩。

6）螺栓的拧紧顺序。

7）导轨的润滑。

导轨的润滑一般有手工润滑和自动润滑两种方式，各有何优缺点？

3. 导轨的安装

在同一平面内平行安装两副导轨时，如果振动和冲击较大，精度要求较高，则两根导轨侧面都需定位。否则，只需一根导轨侧面定位。

（1）双导轨定位　两根导轨侧面都定位的安装工艺：

1）保持导轨、机器零件、测量工具及安装工具的干净和整洁。

2）将基准侧的导轨轴基准面（刻有小沟槽的一侧）紧靠机床装配表面的侧面，对准螺栓孔，然后在孔内插入螺栓。

3）利用内六角扳手用手拧紧所有的螺栓。所谓"用手拧紧"是指拧紧后导轨仍然可以利用塑料锤轻敲导轨侧面而微量移动。

4）调节导轨轴侧面的顶紧装置，使导轨的轴基准侧面紧紧靠贴床身的侧基面。

5）用力矩扳手将螺栓拧紧。请注意拧紧的顺序：应当从中间开始向两边延伸。扭矩的大小取决于螺栓的直径和等级。

6）非基准侧的导轨轴与基准侧的安装次序相同，只是侧面只需轻轻靠上，不要顶紧，否则反而引起过定位，影响运行的灵敏性和精度。

滑块座安装步骤：

1）将工作台置于滑块座的平面上，并对准安装螺栓孔，用手拧紧所有的螺栓。

2）拧紧基准侧滑块座侧面的压紧装置，使滑块座基准面紧紧靠贴工作台的侧基面。

3）按对角线顺序，逐个拧紧基准侧和基准侧滑块座上的各个螺栓。

安装完毕后，检查其全行程内运行是否轻便、灵活，有无停顿阻滞现象。摩擦阻力在全行程内不应有明显的变化。达到上述要求后，检查工作台的运行直线度、平行度是否符合要求。

（2）单导轨定位　一根导轨侧面定位，但无顶紧装置，安装按下列步骤进行：

1）保持导轨、机器零件、测量工具及安装工具的干净和整洁。

2）将基准侧导轨轴基准面（刻有小沟槽）的一侧，紧靠机床装配表面的侧基面，对准安装螺栓孔，然后在孔内插入螺栓。

3）利用内六角扳手用手拧紧所有的螺栓。并用多个弓形手用虎钳，均匀地将导轨轴牢牢地夹紧在侧基面上。

4）用力矩扳手将螺栓拧紧。要注意拧紧的顺序：应当从中间开始向两边延伸。

5）非基准侧的导轨轴对准安装螺栓孔，用手拧紧所有的螺栓。采用下述方法之一进行校调和紧固。

方法1：千分表座紧贴基准侧导轨轴的基面，千分表测头接触非基准侧导轨轴的基面。移动千分表，根据读数调整非基准侧导轨轴，直到达到规定平行度要求。用力矩扳手逐个拧紧安装螺栓。

方法2：将千分表架置于非基准侧导轨副的滑块座上，测头接触到基准侧导轨轴的基面上，根据千分表移动中的读数（或测前、中、后3点），调整到按规定的平行度要求。用力矩扳手逐个拧紧安装螺栓。

以上两种方法,一般仅适用于 2 根导轨轴跨距较小的场合,如跨距较大则会因表架刚性不足而影响测量精度。采用方法 2 测量时,滑块座在导轨轴上必须没有间隙,以免影响测量精度。

方法 3:原理与方法 2 类似,但可使用于 2 根导轨轴跨距较大的场合。方法是把工作台(或专用测量)固定在基准侧导轨副的两个滑块座上并固定,非基准侧导轨副的两个滑块座则用手拧紧安装螺栓以与工作台连接,在工作上旋转千分表架,将测头接触非基准侧导轨轴的侧基面,根据千分表移动中的读数(或测前、中、后 3 点),调整非基准侧导轨轴,使它符合规定的平行度要求,并用力矩扳手逐个拧紧导轨轴(与床身)和滑块(与工作台)的安装螺栓。

方法 4:将基准侧导轨副的 2 个滑块座和非基准侧导轨副的 1 个滑块座,用螺栓紧固在工作台上。非基准侧导轨轴与床身及另一个滑块座与工作台,则用手拧紧螺栓予以轻轻地固定。然后移动工作台,同时测定其拖动力,边测边调整非基准侧导轨轴的位置。当到达拖动力最小、全行程内拖动力波动也最小时,就可用力矩扳手逐个拧紧非基准侧导轨轴及另一个滑块座的安装螺栓。

这个方法常用于导轨轴长度大于工作台长度 2 倍以上的场合。

方法 5:上述几种方法仅适用于单件、小批装配作业,其中有些方法比较烦琐,并且装配精度的提高也受到一定的限制。必要时应使用一些专用装配工具,如专用的千分表架、标准间距量棒等。两种工具都是以基准侧的导轨轴侧基面为基准,根据平行度要求调整非基准侧导轨轴。

(3)床身上没有凸起的基面时的安装方法 这种方法大多用于移动精度要求不太高的场合。床身上可以没有凸起的侧基面,工艺比较简单。安装按如下步骤进行:

1)用手拧紧基准侧的导轨轴的安装螺栓,使导轨轴轻轻地固定在床身装配表面上,把 2 个滑块座并在一起,上面固定一块安装千分表架的平板。

2)千分表测头接触低于装配表面的侧向辅助工艺基准面。根据千分表移动读数指示,边调整边紧固安装螺栓。

3)用手拧紧非基准侧导轨轴的安装螺栓,以将导轨轴轻轻地固定在床身装配表面上。

4)装上工作台并与基准侧导轨轴上 2 个滑块座和非基准侧导轨轴上 1 个滑块座,用安装螺栓正式紧固,另一块滑块座则用手拧紧其安装螺栓以轻轻地固定。

5)移动工作台,测定其拖动力,边测边调整非基准侧导轨轴的位置。当达到拖动力最小、全行程内拖动力波动最小时,就可用力矩扳手逐个拧紧全部安装螺栓。

这种方法常用于导轨轴长度大于工作台长度 2 倍以上的场合。

在上述导轨的各种调整方法中,必须用塑料锤来轻敲导轨阻滞点处的一侧来微调导轨,从而调整 2 根导轨的相对位置。然后再让滑块沿着导轨运动几次,看看滑块运行是否已经灵活。如果仍然很灵活,用塑料锤轻敲导轨侧面进行调节。导轨的平行调节好以后,用力矩扳手拧紧安装螺栓。需注意的是,使用塑料锤轻敲导轨时要十分小心,千万不要让导轨受到损伤。

【拓展知识】

1. 直线滚动导轨的连接

直线滚动导轨有各种长度,但最长一般不超过 3~4m,要求更长的导轨一般用 2 根或多根短导轨连接成需要长度的导轨。

2. 直线运动球轴承

直线运动球轴承（图4-56）是一种直线运动系统，用于无限行程的直线运动，与圆柱轴配合使用。由于承载球与轴呈点接触，故使用载荷小。钢球以极小的摩擦阻力旋转，从而能获得高精度的平稳运动。

3. 滚动圆弧导轨

滚动圆弧导轨副，又称滚珠圆弧导轨副，通过多个钢球在弧形滚道上的滚动实现圆弧运动，实物如图4-57所示。

图4-56　直线运动球轴承　　　　　　　　图4-57　滚动圆弧导轨

从滚珠丝杠到直线滚动导轨到直线运动球轴承再到滚动圆弧导轨，既一脉相承，又各有特点。或许这也是创新的一种形式和脉络吧。

【技能训练】

■任务

分小组进行直线滚动导轨副的安装，每组5~6人。

■分析与实践

1）打扫场地、工作台。

2）领器材、工具、量具。

3）制定直线滚动导轨副安装工艺并征得教师认可。

4）安装直线滚动导轨副。

■教师检验、点评与评分

直线滚动导轨副安装质量评分表见表4-9。

表4-9　直线滚动导轨副安装质量评分表

考核内容	考核要求	配分	得分
5S工作	符合5S规范	10分	
理论知识	了解直线滚动导轨副的工作原理，了解并分析安装步骤及要求	30分	
实际操作	按作业步骤及要求进行作业，作业规范，工具、量具使用正确	40分	
作业结果及检验	安装质量符合要求	10分	
安全工作	穿戴整齐，劳动保护正确，遵守操作规程，无事故，有预防措施	10分	
总　　计		100分	

注：安全不及格，则本次实践成绩评定为不及格。

【课外作业】

一、填空题

1. 直线滚动导轨副是在滑块与导轨之间放入适当的_____，使滑块与导轨之间的滑动摩擦变为滚动摩擦，静摩擦力很小，随动性极好。

2. 直线运动球轴承是一种直线运动系统，用于无限行程的直线运动，与圆柱轴配合使用。由于承载球与轴呈点接触，故使用载荷小。_____以极小的摩擦阻力旋转，从而能获得高精度的平稳运动。

二、判断题

1. 直线滚动导轨有各种长度，但最长一般不超过3~4m，要求更长的导轨一般用2根或多根短导轨连接成需要长度的导轨。

2. 在同一平面内平行安装两副导轨时，如果振动和冲击较大，精度要求较高，则两根导轨侧面都需定位。否则，只需一根导轨侧面定位。

三、选择题

1. 直线滚动导轨副主要由导轨、钢球、滚珠循环装置、保持架、密封端盖及（   ）等组成。

（A）滑块　　　　（B）滚动体　　　　（C）长导轨　　　　（D）短导轨

2. 下列零、部件中主运动不是滚动摩擦的是（   ）。

（A）直线滚动导轨　　　　　　　（B）直线运动球轴承

（C）滑动轴承　　　　　　　　　（D）滚动轴承

四、简答题

1. 整理本任务中的知识点、技能点。

2. 简述直线滚动导轨副的结构。

3. 直线滚动导轨副磨损后，其运行精度达不到要求如何处理？

【阅读材料】

数控端面外圆磨床滚动直线导轨副的装配

应鸿烈（金华职业技术学院）

滚动直线导轨副作为精密直线导向功能部件，因其优良特性使得磨床传动机构的定位精度、导向精度和进给精度大幅提高，逐步取代了传统的滑动导轨，使端面外圆磨床的砂轮架横向进给和工作台纵向进给的联动控制更加稳定，在大批量生产制造中得到了广泛应用。

从机械结构来说，数控端面外圆磨床的磨削精度和使用寿命在很大程度上取决于滚动直线导轨副的质量，磨床的定位精度和运动精度需要由滚动直线导轨副的刚度和精度作保证；从安装工艺来说，需要执行一定的工艺规程进行安装，使数控端面外圆磨床具有较高的动态稳定性能。

滚动直线导轨副一般由轨道、滑块、反向器、滚动体、保持器、润滑器和防尘板等组成，是一种做相对往复直线运动的滚动支承，以滑块和轨道间的钢球滚动代替滑动接触，并且滚动体可以借助反向器在滚道和滑块内实现无限循环。

基于结构上的特点，滚动直线导轨副具有独特的使用性能。

(1) 摩擦特性 滚动直线导轨副的摩擦阻力比滑动导轨小得多，一般摩擦系数为 0.002 ~ 0.004，是滑动导轨摩擦系数的 1/50，起动摩擦和动摩擦接近相等。在速度变化时摩擦系数稳定，运动灵活平稳，适应高速运动。

(2) 运动精度 滚动直线导轨副是一种比较理想的滚动导轨装置，起动摩擦与动摩擦之间的差别很小，几乎不发生爬行运动。当施加预加负荷时可消除间隙，提高刚性和精度。此外，具有自动调心和良好的误差均化功能。

(3) 使用寿命 滚动直线导轨副的摩擦小、磨损少，一般自带润滑系统和防尘板，可长期有效地维持精度。

(4) 高刚性 滚动直线导轨副具有一定的承载能力，在设计制造中适当预加负荷可以增加阻尼，提高抗振性，同时可消除高频振动现象。

(5) 经济性 目前滚动直线导轨副已系列化和标准化，并批量化生产，用户选择方便，减少了整机的生产制造周期。由于自带润滑，可以实现节能和环保。

(6) 组装容易并具有互换性 传统的滑动导轨必须对导轨面进行配刮。如果机床精度差，必须进行多次配刮，既费时又费力。而滚动导轨则具有互换性，只要更换滑块、导轨或整个滚动导轨副，机床即可重新获得好的精度。

在滚动直线导轨副中，由于承载钢球多，对误差有均化作用，导轨弹性变形又能够降低安装面的误差，多个滑块对误差也有均化作用，安装在导轨上的运动件的运动误差减小至安装基面误差的 1/2 ~ 1/5，所以，滚动直线导轨副安装基面的精度越高，越能保证直线导轨的移动精度。

滚动直线导轨安装基面要求：

1) 两安装面在垂直面内的直线度。

2) 两小筋面在垂直平面内的直线度。

3) 小筋面与安装面的垂直度。

4) 小筋面、安装面与丝杠安装孔轴线的平行度，如图 4-58 所示。

各项精度的具体数值要求应根据系列化磨床的工作精度而定。

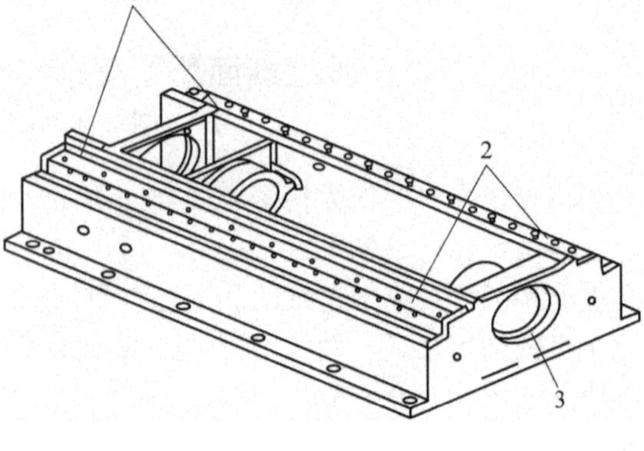

滚动直线导轨副的安装步骤如下。

1) 滚动直线导轨副的装配精度一般要求较高，一些细微的不足之处都可能导致精度的偏差，所以在安装滚动直线导轨副之前，一定要仔细地清洁导轨面。用油石修去表面的毛刺及微小凸出部位，将导轨安装面上的所有螺孔用丝锥复攻一遍，孔口必须倒角，吹干净螺孔内的残留铁屑，并用手拧紧所有的螺钉（要求能拧到底）。

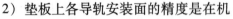

图 4-58 垫板
1—小筋面 2—安装面 3—丝杠安装孔

2) 垫板上各导轨安装面的精度是在机加工时依靠磨床本身的精度来保证的，磨床本身的误差也同步映射到垫板导轨的安装面上，加工后在磨床上进行测量也包含了磨床的误差。垫板在机加工后需要放置一段时间，加工应力得到释放后，此时垫板的滚动直线导轨安装面的精度会有所改变。针对这个情况，需要根据垫板的尺寸设计一套专用的工装来测量导轨安装面的精度，如图4-59所示。

在没有这个工装之前，在装配时不会测量滚动直线导轨安装面的精度，等装好滚动直线导轨副后再对其精度进行测量。在测量精度时常常会有个别项目精度超差，这是因为在装配前没有对滚动直线导轨的安装面进行测量，不知道导轨安装面的哪项精度已经超差，因此需要拆下导轨再对垫板进行修磨。如果在装配前使用这套专用工装检查导轨安装面的精度，就可以直接对超差垫板进行修磨，提高了装配效率。经过使用，这套工装使用情况很好，图4-60、图4-61和图4-62所示为该工装测量滚动直线导轨安装面主要精度的使用方法。

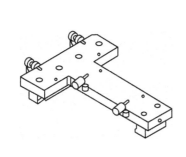

图4-59　测量桥板

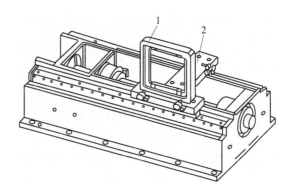

图4-60　直线导轨安装面在垂直平面内的直线度测量
1—框式水平仪　2—测量桥板

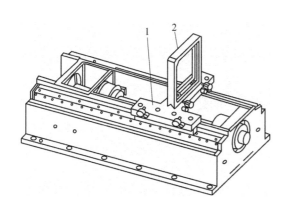

图4-61　滚动直线导轨安装面在水
平平面内的平行度测量
1—测量桥板　2—框式水平仪

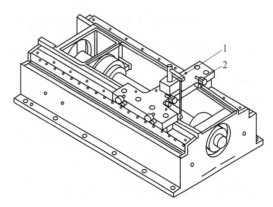

图4-62　滚动直线导轨安装面与丝杠安装
孔上、侧素线的平行度测量
1—千分表　2—测量桥板

3）在垫板的滚动直线导轨安装面精度检查合格后，开始安装滚动直线导轨。每副导轨都有主、副导轨之分，每个生产厂家的主、副导轨的标志不一样，在拆分前一定要认真阅读导轨的说明书，根据说明书上的标志先安装主导轨。导轨不可以直接放在导轨的安装面上，应该从导轨安装面一角开始慢慢地斜推进去，如图4-63所示。这样安装的好处是可以把导轨面上残余的金属屑等杂物推出去。放好导轨后，在不完全锁紧螺钉的情况下前后拉动导轨，以前后均可以轻轻地拉动为宜。若拉不动，则说明垫板上的螺孔与导轨上的孔距不符合。发生这种拉不动的情况时不能强行拧紧螺钉，要查出不符合的螺孔，否则会降低导轨的安装精度。在拧紧螺钉时，应该从中间向两端按顺序分两次用力矩扳手拧紧。在第一次紧固时应按照规定力矩的一半拧紧，第二次需按照规定力矩进行拧紧，这样可以获得稳定的精度。推荐螺钉拧紧扭矩见表4-10。安装好第一根导轨后以同样方法安装另一根直线导轨。

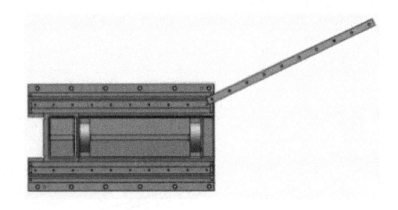

图 4-63　直线导轨的安装技巧

4) 在滚动直线导轨安装好之后开始测量导轨的精度，如图 4-64、图 4-65 和图 4-66 所示。直线导轨中的滑块都是组合使用的，这时就要测量综合精度，为此使用专门的 T 形工装，可任意选取 3 块滑块与 T 形板进行组合。

表 4-10　推荐螺钉拧紧扭矩

螺钉规格 （8.8 级）	推荐螺钉 拧紧扭矩 $\times 10^{-3}$/(N·m)	高强度螺钉 最大扭矩 $\times 10^{-3}$/(N·m)
M5	3.4	4.8
M6	5.8	8.3
M8	14	20

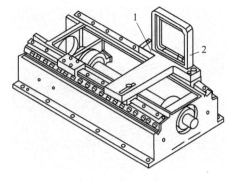

图 4-64　滚动直线导轨在垂直
平面的直线度测量
1—T 形板　2—框式水平仪

5) 在滚动直线导轨安装好后，还必须测量 4 块滑块是否在同一平面之内。由于垫板已经安装在磨床床身的后平面上，不方便测量，此时可以采用平板涂色检查方法进行检查。在平板的一面涂红丹粉，厚度要求小于 0.003mm，然后按垂直方向、对角线方向检查与另一组滑块的接触面积，接触面积要求大于 70%，如图 4-67、图 4-68 所示。

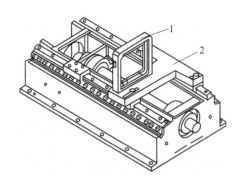
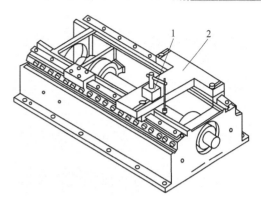

图 4-65　滚动直线导轨在垂直平面的平行度测量　　　　图 4-66　滚动直线导轨与丝杠中心孔上、
　　　　1—框式水平仪　2—T 形板　　　　　　　　　　　　　侧素线平行度测量
　　　　　　　　　　　　　　　　　　　　　　　　　　　　　1—千分表　2—T 形板

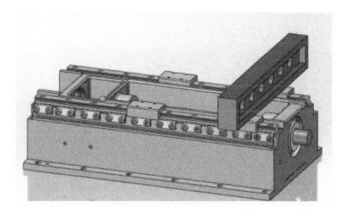

图 4-67　左右滑块的平面检查

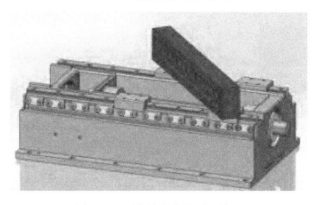

图 4-68　对角线滑块的平面检查

　　通过对数控端面外圆磨床滚动直线导轨副的装配分析，制订了对安装面的精度检测内容，结合外圆磨床独特的进给要求和修正磨削加工后的变形误差，对装配后的滚动直线导轨副的性能提出了更高的要求。结合对磨床滚动直线导轨副的装配工艺分析，规范了磨床滚动直线导轨副的安装方法，提高了磨床的安装精度、效率和结构刚性，改善了磨床的动态性能，从而保证了磨床质量。

附录

附录 A　主要知识点框架

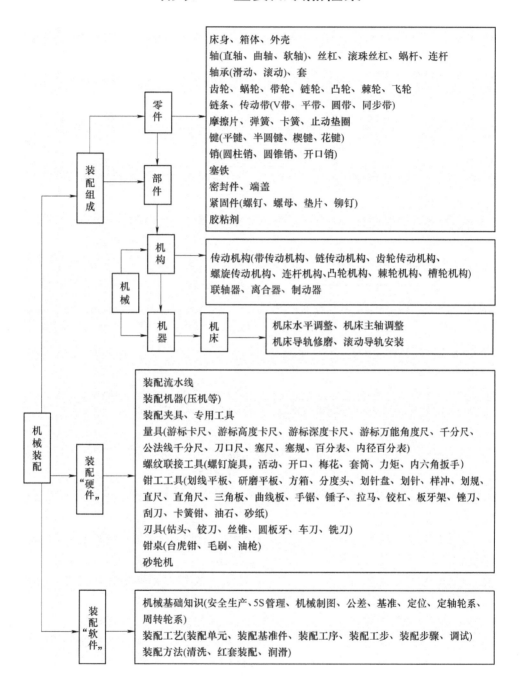

附录B 练 习 题

一、选择题

1. 铰削标准直径系列的孔，主要使用（　　）铰刀。

（A）整体式圆柱　（B）可调节式　（C）圆锥　（D）整体或可调式

2. 铰孔时两手用力不均匀会使（　　）。

（A）孔径缩小　（B）孔径扩大　（C）孔径不变化　（D）铰刀磨损

3. 用板牙套螺纹时，当板牙的切削部分全部进入工件，两手用力要（　　）地旋转，不能有侧向的压力。

（A）较大　（B）很大　（C）均匀、平稳　（D）较小

4. 主轴的形状特征是（　　）。

（A）主轴是实心无阶梯轴　（B）主轴是实心阶梯轴

（C）主轴是空心阶梯轴　（D）主轴是空心无阶梯轴

5. 一张完整的装配图不包括（　　）。

（A）一组图形　（B）全部尺寸　（C）标题栏　（D）技术要求

6. 装配图中，非配合的两相邻表面要画（　　）。

（A）一条线　（B）两条线　（C）一粗线一细线　（D）具体分析

7. 装配图中，不需标注的尺寸是（　　）。

（A）规格性能尺寸　（B）各零件的全部尺寸

（C）安装尺寸和装配尺寸　（D）外形尺寸及其他重要尺寸

8. 以组件中（　　）且与组件中多数零件有配合关系的零件作为装配基准。

（A）最大　（B）最小　（C）精度高　（D）精度低

9. 总装配是将零件和（　　）结合成一台完整产品的过程。

（A）部件　（B）分部件　（C）装配单元　（D）零件

10. 关于装配工艺规程，下列说法错误的是（　　）。

（A）是组织生产的重要依据　（B）规定产品装配顺序

（C）规定装配技术要求　（D）是装配工作的参考依据

11. 制定装配工艺所需原始资料，下列说法正确的是（　　）。

（A）与产品生产规模无关　（B）和现有工艺装备无关

（C）不需要产品验收技术条件　（D）产品总装图

12. 部件装配和总装配都是由（　　）装配工序组成。

（A）1个　（B）2个　（C）3个　（D）若干个

13. 产品的装配总是从（　　）开始，从零件到部件，从部件到整机。

（A）装配基准　（B）装配单元　（C）从下到上　（D）从外到内

14. 编写装配工艺文件主要是（　　）装配工艺卡，它包含着完成装配工艺过程所需的一切资料。

（A）认识　（B）确定　（C）了解　（D）编写

15. 可以单独进行（　　）的部件称为装配单元。

（A）修配　　　　　（B）选配　　　　　（C）装配　　　　　（D）调整

16. 一级分组件是（　　）进入组件装配的部件。

（A）分别　　　　　（B）同时　　　　　（C）直接　　　　　（D）间接

17. 直接进入（　　）总装的部件称为组件。

（A）机器　　　　　（B）设备　　　　　（C）机械　　　　　（D）产品

18. 表示产品装配单元的划分及其（　　）的图称为产品装配系统图。

（A）装配方法　　　（B）装配顺序　　　（C）装配工序　　　（D）装配工步

19. 装配工艺装备主要分为3大类：（　　）、特殊工具、辅助装置。

（A）垫铁　　　　　（B）检测工具　　　（C）平尺　　　　　（D）角尺

20. 制定装配工艺卡片时，（　　）需一序一卡。

（A）单件生产　　　　　　　　　　　（B）小批生产

（C）单件或小批生产　　　　　　　　（D）大批量

21. 用同一工具，不改变工作方法，并在固定的位置上连续完成的装配工作，叫作（　　）。

（A）装配工序　　　（B）装配工步　　　（C）装配方法　　　（D）装配顺序

22. 根据产品的结构特点和（　　）应尽可能选用相应的装配设备。

（A）产品加工方法　　　　　　　　　（B）产品制造方法

（C）产品用途　　　　　　　　　　　（D）生产类型

23. 移动式装配常用于（　　）。

（A）单件生产　　　　　　　　　　　（B）小批生产

（C）单件或小批生产　　　　　　　　（D）大批量生产

24. 装配精度检验包括（　　）等。

（A）工件精度和形状精度　　　　　　（B）旋转精度和位置精度

（C）工作精度和几何精度　　　　　　（D）几何精度和选装精度

25. 对于装配的组成环数少、装配精度要求不太高和生产批量较大时，应采用（　　）解尺寸链。

（A）完全互换法　　（B）调整法　　　（C）修配法　　　　（D）选配法

26. 控制卧式车床主轴中心线在水平面内对床身导轨平行度要求的尺寸链，应用（　　）解装配尺寸链。

（A）修配法　　　　（B）选配法　　　（C）完全互换法　　（D）调整

27. 检查导轨几何精度时，一般检查导轨直线度和（　　）。

（A）平面度　　　　（B）表面粗糙度　　（C）垂直度　　　　（D）平行度

28. 对轴瓦刮削时由粗刮到精刮，刮削点要（　　）。

（A）从小到大，从深到浅　　　　　　（B）从小到大，从浅到深

（C）从大到小，从深到浅　　　　　　（D）从大到小，从浅到深

29. 圆锥面研磨到接近要求时，取下研具并擦干研具和工件表面的研磨剂，再套上研具研磨，可起（　　）作用。

（A）减少表面粗糙度　　　　　　　　（B）抛光

（C）增强表面硬度　　　　　　　　　（D）防止表面划伤

30. 主轴部件的精度包括主轴的（　　　）、轴向窜动以及主轴旋转的均匀性和平稳性。

（A）加工精度　　（B）装配精度　　（C）位置精度　　（D）径向跳动

31. 调整轴承时，用手转动大齿轮，若转动不太灵活可能是（　　　）没有装正。

（A）齿轮　　（B）轴承内圈　　（C）轴承外圈　　（D）轴承内外圈

32. 在调整锥度轴承的过程中，装配轴承内圈时应先检查其内锥面与主锥面的接触面积，一般应大于（　　　）。

（A）20%　　（B）30%　　（C）40%　　（D）50%

33. 同轴承配合的轴静止时，在重力作用下处于和（　　　）轴承接触的位置。

（A）最高　　（B）最低　　（C）最左　　（D）最右

34. 整体式滑动轴承（　　　）。

（A）结构复杂、制造困难　　　　　　　　（B）结构特殊、制造困难

（C）结构特殊、容易制造　　　　　　　　（D）结构简单、容易制造

35. 轴套压入轴承座孔后，易发生尺寸和形状变化，应采用（　　　）对内孔进行修整、检验。

（A）锉削　　（B）钻削　　（C）錾削　　（D）铰削或刮削

36. 装配内柱外锥式滑动轴承时，要先将轴承外套压入箱体孔中，并保证有（　　　）的配合要求。

（A）H7/r7　　（B）H6/r6　　（C）H7/r6　　（D）H8/r7

37. 在成对使用的轴承内圈或外圈之间加衬垫，不同厚度的衬垫可得到（　　　）的预紧力。

（A）不同　　（B）相同　　（C）一定　　（D）较小

38. 滚动轴承内圈往主轴的轴径上装配时，采用两者回转误差的高低点互相抵消的办法进行装配，称为（　　　）。

（A）敲入法　　（B）压入法　　（C）温差发　　（D）定向装配法

39. 按（　　　）装配后的轴承，应保证其内圈与轴颈不再发生相对转动，否则丧失已获得的调整精度。

（A）敲入法　　（B）温差法　　（C）定向装配法　　（D）压入法

40. 采用轴承一端双向固定法，工作时（　　　）轴向窜动，轴受热时又能自由地向一端伸长，轴不会卡死。

（A）会产生　　（B）不会产生　　（C）加大　　（D）减少

41. 车床床鞍移动对主轴的平行度精度称（　　　）。

（A）距离精度　　　　　　　　　　　　　（B）相对距离或位置精度

（C）相对运动精度　　　　　　　　　　　（D）配合精度

42. 装配精度（　　　）取决于零件精度。

（A）完全　　（B）不完全　　（C）没关系　　（D）以上都不对

43. 在主轴承达到稳定条件下，主轴滚动轴承温度不超过（　　　）。

（A）50℃　　（B）60℃　　（C）70℃　　（D）80℃

44. 机床空运转时，高精度机床噪声不超过（　　　）。

（A）50dB　　（B）60dB　　（C）75dB　　（D）80dB

45. 机床精度检验时，当 $D_a \leqslant 800$ mm，床鞍移动在水平面内的直线度允差值为（　　）mm。

(A) 0.015 　　(B) 0.02 　　(C) 0.025 　　(D) 0.03

46. 圆柱齿轮传动用于两（　　）轴间的传动。

(A) 相交 　　(B) 平行 　　(C) 空间交叉 　　(D) 结构紧凑

47. 按用途不同螺旋传动可分为传动螺旋、传力螺旋和（　　）3 种类型。

(A) 调整螺旋 　　(B) 滑动螺旋 　　(C) 滚动螺旋 　　(D) 运动螺旋

48. 以组件中最大且与组件中多数零件有配合关系的零件作为（　　）。

(A) 测量基准 　　(B) 装配基准 　　(C) 装配单元 　　(D) 分组件

49. 制定装配工艺规程的最后一个步骤是（　　）。

(A) 确定装配组织形式 　　　　(B) 划分装配工序

(C) 制定装配工艺卡片 　　　　(D) 产品总改装图

50. 在一定条件下，规定生产一件产品或完成一道工序所需消耗的时间为（　　）。

(A) 时间定额 　　(B) 产量定额 　　(C) 机动时间 　　(D) 辅助时间

51. 根据产品的结构特点和（　　），应尽可能选用相应的装配设备及工艺设备。

(A) 产品加工方法 　　(B) 产品制造方法 　　(C) 产品用途 　　(D) 生产类型

52. 确定装配的检查方法，应根据（　　）结构特点和生产类型来选择。

(A) 零件 　　(B) 标准件 　　(C) 外购件 　　(D) 产品

53. 编写装配工艺文件主要是编写装配工艺卡，它包含完成（　　）所需的一切资料。

(A) 装配工艺过程 　　(B) 装配工艺文件 　　(C) 总装配 　　(D) 产品

54. 部分组件是（　　）进入组件装配的部件。

(A) 分别 　　(B) 同时 　　(C) 直接 　　(D) 间接

55. 直接进入产品（　　）的部件称为组件。

(A) 总装 　　(B) 装配 　　(C) 组装 　　(D) 生产

56. 表示产品装配单元的划分及其（　　）的图称为产品装配系统图。

(A) 装配方法 　　(B) 装配顺序 　　(C) 装配工序 　　(D) 装配工步

57. 装配精度检验包括几何精度和（　　）精度检验。

(A) 形状 　　(B) 位置 　　(C) 工件 　　(D) 旋转

58. 在装配尺寸链中，封闭环所表示的是（　　）。

(A) 零件的加工精度 　　　　(B) 零件尺寸大小

(C) 装配精度 　　　　(D) 尺寸链的长短

59. 空运转机床，在高转速应运转足够的时间，不少于（　　）min。

(A) 10 　　(B) 20 　　(C) 30 　　(D) 40

60. 机床精度检验时，当 $D_a \leqslant$（　　）时，主轴和尾座两顶尖的等高度允差值为 0.04mm。

(A) 400mm 　　(B) 600mm 　　(C) 800mm 　　(D) 1000mm

61. 分组装配法属于典型的不完全互换法，它一般适用于（　　）。

(A) 加工精度要求很高时 　　　　(B) 装配精度要求不高时

(C) 装配精度要求很高时 　　　　(D) 厂际协作或配件生产时

62. 不属于链传动类型的有（　　）。

(A) 传动链　　　　(B) 运动链　　　　(C) 起重链　　　　(D) 牵引链

63. （　　）是由主动齿轮、从动齿轮和机架组成。

(A) 齿轮传动　　　(B) 蜗轮传动　　　(C) 带传动　　　　(D) 链传动

64. 退刀槽尺寸标注正确的是（　　）。

(A) $2 \times \phi 8$　　　(B) $2 - \phi 8$　　　(C) $2 + \phi 8$　　　(D) $2 \sim \phi 8$

65. （　　）称为装配图。

(A) 表示机器或部件中零件间相对位置、装配关系的图样。

(B) 表示机器或部件中零件结构、相对位置、连接方式的图样。

(C) 表示机器或部件中零件结构、大小及技术要求的图样。

(D) 表示机器或部件中零件间相对位置、技术要求的图样。

66. 一般产品的零、部件的间隙或过盈称为（　　）。

(A) 接触　　　　　(B) 配合　　　　　(C) 互相位置　　　(D) 距离

67. 机床精度检验时，当 $D_a \leqslant 800\text{mm}$ 时，小滑板移动对主轴轴线的平行度（在300mm测量长度上）允差值为（　　）。

(A) 0.02mm　　　(B) 0.03mm　　　(C) 0.04mm　　　(D) 0.05mm

68. 圆锥面研磨到接近要求时，取下研具并擦干研具和工件表面的研磨剂，再套上研具研磨，可起（　　）的作用。

(A) 降低表面粗糙度　　　　　　　　(B) 抛光

(C) 增强表面硬度　　　　　　　　　(D) 防止表面划伤

69. 链传动是由链条和具有特殊齿形的链轮组成的传递（　　）和动力的传动。

(A) 运动　　　　　(B) 转矩　　　　　(C) 力矩　　　　　(D) 能量

70. 按齿轮形状不同，可将齿轮传动分为（　　）传动和锥齿轮传动两类。

(A) 斜齿轮　　　　(B) 圆柱齿轮　　　(C) 直齿轮　　　　(D) 齿轮齿条

71. 法兰与花键轴之间通过（　　）连接。

(A) 轴套　　　　　　　　　　　　　(B) 一个球轴承

(C) 两个深沟球轴承　　　　　　　　(D) 花键

72. 主轴内孔的作用是（　　）。

(A) 穿过长棒料　　　　　　　　　　(B) 通过导线

(C) 传入钢棒顶出顶尖　　　　　　　(D) 以上全部都是

73. 装配工艺装备主要分为3大类：（　　）、特殊工具、辅助装置。

(A) 垫铁　　　　　(B) 检测工具　　　(C) 外购铁　　　　(D) 产品

74. 装配工艺规程是规定产品及部件的装配顺序、装配方法、装配技术要求、检验方法及装配所需设备、工具、时间定额等的（　　）。

(A) 工艺卡片　　　(B) 工序卡片　　　(C) 技术文件　　　(D) 参考资料

75. 根据装配单元确定装配顺序时，首先选择装配基准件，然后根据装配结构的具体情况，按先下后上、先内后外、先难后易、（　　）的规律去确定其他零件或分组件的装配顺序。

(A) 先精密后一般、先轻后重　　　　　　(B) 先一般后精密、先重后轻

（C）先精密后一般、先重后轻　　　　　　（D）先一般后精密、先轻后重

76. 可以单独进行装配的（　　）称为装配单元。

（A）部件　　　　　（B）零件　　　　　（C）标准件　　　　　（D）构件

77. 装配工作的组织形式随着（　　）和产品复杂程度不同，一般分为固定式装配和移动式装配两种。

（A）生产类型　　　（B）装配精度　　　（C）尺寸大小　　　（D）工厂条件

78. 确定装配的验收方法，应根据产品结构特点和（　　）来选择。

（A）生产过程　　　（B）生产类型　　　（C）工艺条件　　　（D）工序要求

79. （　　）是试验机器运转的灵活性、振动、工作温升、噪声、转速、功率等性能参数是否符合要求。

（A）调整　　　　　（B）精度检验　　　（C）试车　　　　　（D）旋转精度检验

80. 滚动轴承内圈往主轴的轴颈上装配时，采用两者回转误差（　　）互相抵消的办法进行装配。

（A）高点对低点　　（B）高点对高点　　（C）低点对低点　　（D）不确定

81. 采用（　　）装配的轴承，应保证其内圈与轴颈不发生相对转动，否则将丧失已获得的调整精度。

（A）敲入法　　　　（B）温差法　　　　（C）定向装配法　　　（D）压入法

二、判断题

1. （　　）当采用几个平行的剖切面来表达零件内部结构时，应画出剖切面转折处的阴影。

2. （　　）只有选取合适的表面粗糙度，才能有效地减少零件的摩擦与磨损。

3. （　　）带传动由齿轮和带组成。

4. （　　）制定箱体零件的工艺过程应遵循先孔后基面的加工原则。

5. （　　）圆柱齿轮的结构分为齿圈和轮齿两部分。

6. （　　）零件图要把零件的形状结构正确、完整、清晰地表达出来。

7. （　　）在几何公差代号中，基准采用小写拉丁字母标注。

8. （　　）表面粗糙度符号的尖端必须从材料外指向材料表面。

9. （　　）使用卸荷式带轮传动，虽然结构简单，但设备费用较高，维护不方便。

10. （　　）找正就是利用划线工具使工具上有关的毛坯表面处于合适的位置。

11. （　　）作展开图的过程一般叫展开放样。

12. （　　）钻相交孔，应对基准精确划线。

13. （　　）机床导轨有足够的刚度和一定耐磨度，才能保证导轨精度的持久性和稳定性。

14. （　　）无论长径比大或小的旋转零、部件，只需进行静平衡即可保证正常工作。

15. （　　）按轴承工作的摩擦性质分，有滑动轴承和静压滑动轴承。

16. （　　）上下轴瓦与轴承座盖装配时，应使轴瓦背与座孔接触。

17. （　　）机床精度检验时，丝杠的轴向窜动，当 $D_a \leqslant 800$mm 时允差值为 0.015mm。

18. （　　）CA6140 车床被加工件轴向圆跳动超差的主要原因是主轴轴向间隙过小或轴向窜动超差。

19. （   ）台钻的最低转速较高，一般不低于600r/min。

20. （   ）立钻一般都有冷却装置，由专用冷却泵提供加工所需要的切削液。

21. （   ）单列向心推力球轴承3种布置（背靠背、面对面、外圈宽窄变相对）安装时，施加预紧力的方向一样。

22. （   ）定向装配法适用于装配精度要求较高的主轴。

23. （   ）滚动轴承定向装配时，只检测轴承内圈径向圆跳动误差，就可以完成装配。

24. （   ）轴是机械中的重要零件，所有带内孔传动零件都要装在轴上才能工作。

25. （   ）装配基准是组件中尺寸最大且与组件中多数零件有同样精度的零件。

26. （   ）总装配是将零件和部件结合成组件的过程。

27. （   ）装配工艺规程对提高装配质量和效率无益，只是组织审查的一个依据。

28. （   ）产品的结构在很大程度上决定了产品的装配顺序和方法。

29. （   ）单件小批生产不需制定工艺卡片，工人按装配图和装配单元系统图进行装配。

30. （   ）每一道工序的装配都必须有基准零件或基准部件，它们是装配工作的基础。

31. （   ）装配单元是指可以单独进行装配的零件。

32. （   ）产品越复杂，分组件级数越多。

33. （   ）直接进入产品组装的部件称为组件。

34. （   ）表示产品装配单元的划分及其装配顺序的图称为产品装配系统图。

35. （   ）使用装配工艺装配的目的是保证装配工作的顺利进行，减轻工人的劳动强度和提高生产率，以及保证零、部件的正确定位等。

36. （   ）移动式装配需要装配人员具有综合的技能。

37. （   ）制定装配工艺卡片，大批量生产需一序一卡。

参 考 文 献.

[1] 杨叔子. 机械装配 [M]. 北京：机械工业出版社，2012.

[2] 宋金虎，侯文志. 金工实训 [M]. 北京：人民邮电出版社，2011.

[3] 理查德·克劳森. 装配工艺——精加工、封装和自动化 [M]. 熊永家，娄文忠译. 北京：机械工业出版社，2008.

[4] 徐兵. 机械装配技术 [M]. 北京：中国轻工业出版社，2009.

[5] 魏康民. 机械加工工艺方案设计与实施 [M]. 北京：机械工业出版社，2012.

[6] 赵明岩. 大学生机械设计竞赛指导 [M]. 杭州：浙江大学出版社，2008.

[7] 蒋新军，张莉娟. 装配钳工（中级）[M]. 郑州：河南科学技术出版社，2008.

[8] 金禧德. 金工实习 [M]. 4版. 北京：高等教育出版社，2014.

[9] 杜继清. 钳工 [M]. 北京：人民邮电出版社，2010.

[10] 张英年. 新编钳工手册 [M]. 北京：中国电力出版社，2009.

[11] 袁梁梁，张晓松. 机械加工技能实训 [M]. 北京：北京理工大学出版社，2007.

[12] 黄涛勋. 简明钳工手册 [M]. 3版. 上海：上海科学技术出版社，2009.

[13] 陈宏钧. 实用钳工手册 [M]. 北京：机械工业出版社，2009.